名枪的故事

——狙击步枪

邓 涛 著

机械工业出版社
CHINA MACHINE PRESS

这是一本关于狙击步枪的图书。由于人类历史上研发、生产、使用过的狙击步枪约有数百种之多，良莠不齐，为了避免成为一本泛泛而谈的空洞读物，本书只对狙击步枪中一些经典型号进行详细介绍，包括美国M21/M24狙击步枪、苏联莫辛·纳甘狙击步枪、苏联SVD半自动狙击步枪、英国李－恩菲尔德SMLE狙击步枪、法国FR-F1/F2狙击步枪、德国布拉塞尔R93模块化狙击步枪、美国巴雷特重型反器材步枪。全书共9章，从人类狙击作战的历史和狙击步枪的演化讲起，内容在注重技术解读的同时，力求从历史、人文、社会的角度对所选步枪的经典性进行系统性还原。

本书适合喜爱狙击步枪的枪械爱好者阅读。

图书在版编目（CIP）数据

名枪的故事. 狙击步枪 / 邓涛著. —北京：机械工业出版社，2021.12
ISBN 978-7-111-69861-6

Ⅰ. ①名…　Ⅱ. ①邓…　Ⅲ. ①狙击步枪—介绍—世界　Ⅳ. ①E922.1

中国版本图书馆CIP数据核字（2021）第258181号

机械工业出版社（北京市百万庄大街22号　邮政编码100037）
策划编辑：杨　源　责任编辑：杨　源
责任校对：秦红喜　责任印制：单爱军
北京虎彩文化传播有限公司印刷
2022年1月第1版第1次印刷
184mm × 260mm · 9.5印张 · 187千字
标准书号：ISBN 978-7-111-69861-6
定价：89.00元

电话服务	网络服务
客服电话：010-88361066	机　工　官　网：www.cmpbook.com
010-88379833	机　工　官　博：weibo.com/cmp1952
010-68326294	金　　书　　网：www.golden-book.com
封底无防伪标均为盗版	机工教育服务网：www.cmpedu.com

前　言

根据数据统计显示，第一次世界大战，平均消耗1万发子弹，击毙一名敌人；第二次世界大战，平均消耗2万发子弹，击毙一名敌人；越南战争中，击毙一名敌人需要消耗12万发子弹。在阿富汗以及伊拉克战争中，美军子弹消耗量就更大了，他们消耗60亿发子弹，击毙了2.4万人，也就是25万发子弹，击毙一名敌人。所以伏尔泰说过："战争的胜负，不取决于射击最多的一方，而取决于射击最准的一方。"此语道出了军事射击的本质和人们所追寻的目标。狙击步枪的价值也因此得到了人们的肯定，成为步兵手中最具精密性的武器。

全书共分为以下9章。

第1章：狙击步枪与狙击作战的历史。讲解了从弓箭到步枪的精准狙杀武器发展脉络。

第2章：半路出家的经典——美国M21狙击步枪。讲解了美国第一种真正意义上获得成功的制式军用狙击步枪，也就是越战中出现的美国M21狙击步枪。

第3章：拉大栓的浪漫——美国M24狙击步枪。讲解了它是如何取代美国M21狙击步枪，成为美国第一种狙击武器系统的。

第4章：帝国底蕴——英国李-恩菲尔德SMLE狙击步枪。讲解了由英国恩菲尔德兵工厂生产的李-恩菲尔德SMLE狙击步枪，是如何成为人类历史上最伟大的军用栓动狙击步枪之一的。

第5章：胜利象征——莫辛·纳甘狙击步枪。讲解了这名"老兵"从第一次世界大战到第二次世界大战；从朝鲜战争、越南战争，再到阿富汗、格林纳达的参战故事。

第6章：高卢执拗——法国FR-F1/F2狙击步枪。讲解了第二次世界大战后，法国国营圣·艾蒂安武器制造厂如何为法国军队量身定制法兰西风格非常浓郁的FR-F1及其改进型FR-F2。

第7章：好事多磨——苏联SVD半自动狙击步枪。讲解了世界上第一支专门设计的狙击步枪——苏联的德拉贡诺夫SVD半自动狙击步枪。

第8章：精密为王——德国布拉塞尔R93模块化狙击步枪。讲解了以精密工业技术见长的德国人，是如何在狙击步枪领域成就非凡的布拉塞尔R93模块化狙击步

枪的。

第9章：威名赫赫——巴雷特重型反器材步枪小传。讲解了作为游戏迷的挚爱，重型狙击步枪巴雷特是如何成为当之无愧的“王者”的。

本书内容翔实，结构严谨，分析讲解透彻，图片精美丰富，适合广大军事爱好者阅读和收藏，也可以作为青少年的科普读物。

目 录

第 1 章

狙击步枪与狙击作战的历史

在有文字记载的战争之前，武装冲突早已是人类社会长期存在的事实了。最初，人类使用石块和棍棒作为获取食物的工具，或者将它们用来征服他人，以满足自己的欲望，从中人类也认识了石块和棍棒作为“武器”的价值。后来，人类又发现边缘锋利的石块或者削尖的棍棒要比圆石或钝器威力更大。远古时代的人类还懂得，在进攻敌人或猎取食物时，如果隐藏在草丛中或者猛然从树上、岩石上跳下，就更容易得手。这样，人类就确立起了一种典型方式，即采用跟自身能力相适应的特定手段来发明、改进、选择和使用武器。人类在整个战争史上，始终是按照这种方式行事的。作为步枪的一个特殊分支，狙击步枪的出现、发展亦是如此。

☆ 一战中使用毛瑟G98狙击步枪的德军狙击手

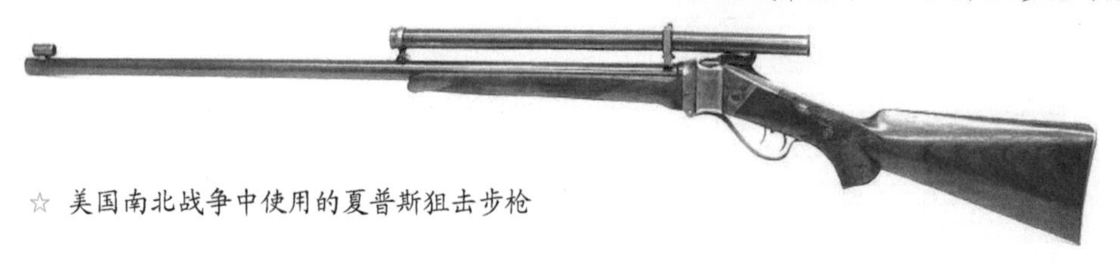
☆ 美国南北战争中使用的夏普斯狙击步枪

从精确投掷到精确射击

战争历史是一个不断发展变化的过程。其中，在技术方面的变化使兵器发生了变革，并进一步导致战争中战术的变化。但是，尽管有着这样一些变化和变革，战争仍然存在着某些永恒不变的特性——远距离精确击杀的军事需求便是这样。早在火药武器发明之前，类似的需求就已存在。兵器从开始就大致分为两大类：劈刺式和投掷式。史前人类所用的棍棒是最原始的劈刺式兵器，最早的投掷式兵器是人类投向敌人或猎物的石块。从史前时期开始，人类就会用兽皮制成投石器来投掷小而光滑的石块，这要比单纯用手臂投掷力量更大，距离更远。这种投掷器还使用了泥土烧制的弹丸，后来又采用了铅制弹丸。在庞培和其他古代遗址中已发现了橡子形状的弹丸实物。生活在巴利阿里群岛的投石手都有一套特别高超的投石技术。他们通常配有三种投石器，分别用于远、中、近距离的投掷。在好几个世纪里，投石兵在作战阵容中曾经起过重要的作用。通过将石块进行精确投掷甚至直接左右过很多战争的胜负。比如，大卫战胜巨人歌利亚的一幕。大卫只是以色列部落一个平凡的放羊人，他有七个强壮的哥哥，在他很小的时候，经常跟着放羊的哥哥漫山遍野地跑，练就了大卫强健的体魄，勇敢的心和坚强的意志。大卫长大以后也照看着一部分羊群，当森林中的狮子出现并叼走羊羔时，大卫凭着勇敢的心，赤手空拳打死了凶猛的狮子，又用同样的方法打死了一头熊。也正是在放羊时，大卫熟练掌握了使用投石器的技能——一种带兜和绳索结合的牧羊鞭演化来的器具。不久之后，菲利亚人发动了战争，越过山岭将以色列部落人赶出了他们赖以生存的家园，于是扫罗王召集军队迎战。大卫的哥哥们都上了战场，而大卫由于年纪尚小，留在家里照看羊群。

战场上很长时间没有信息传回，大卫的父亲担心儿子，就让大卫带着食物去看哥哥，大卫来到战场，没有看到厮杀的场面，只有扫罗王的军队面临对方的巨人歌利亚畏缩不前。巨人歌利亚站在山顶上不断地炫耀着自己的成功，将以色列部落军队吓得不敢出来应战，并言语挑衅以色列部落军队。大卫看到这些，好奇为什么我们没有人出来应战，并觉得巨人歌利亚并不是看上去那么可怕，大卫的豪言壮语传到扫罗王的耳中，扫罗王好奇是哪个士兵有如此勇气，就召见了大卫，看到大卫的一瞬间，扫罗王只觉得可笑，只因为大卫看起来太过瘦小，却敢说出挑战巨人歌利亚的话。可是大卫却说自己有能力和信心战胜对方，扫罗王没办法，就只能让大卫上场。为了保证大卫的安全，扫罗王将自己常年佩戴的长剑、盔甲和盾牌都赐予了大卫，可是大卫拒绝了，只带了自己放羊时的棍子和投石器。大卫挺直腰杆勇敢地上了战场，战场上的菲利亚士兵看到瘦弱的大卫，嘲笑声不断，只觉得以色列部落没人了，才让这么小的孩子对战巨人歌利亚，大卫坚定地走上前去。巨人歌利亚冲向大卫，大卫也轻盈地冲向歌利亚，并从自己的口袋中摸出之前放进去的石子，将石子放在投石器上。虽然歌利亚全身被盔甲包裹，但是盔甲连接处比较薄弱，大卫趁着歌利亚跑向自己的时候，用投石器瞄准歌利亚前额上头盔的连接处发射，“嗖”的一声打中巨人歌利亚的前额。他的身子晃了晃，就倒地不起了。然后大卫用歌利亚的刀砍下了巨人的脑袋。看到这一幕，所有的人都瞪大了眼睛，不敢相信瘦小的大卫打败了巨人歌利亚。以色列部落军队看到后，乘胜追击，冲下山坡追击还没反应过来的

☆ 大卫用投石索远距离精确击倒了巨人歌利亚

☆ 弓箭是一种只能在具有专门技巧的士兵手中才能有效使用的兵器。不过，一旦熟练掌握了这种武器的使用技能，达到所谓“百步穿杨”的投掷精度，其战场效果是相当惊人的

菲利亚人，菲利亚人四处逃散，营帐中的财富均成为以色列部落军队的战利品。战争结束后，扫罗王找到大卫，认下大卫为自己的义子，并将继承自己的王位。大卫留在了扫罗王的营帐，掌控军队的领导权，经此一役，大家再也不敢小看大卫，大卫最终也在扫罗王去世后成为下一任的以色列部落首领。

弓箭是冷兵器时代另一类高度强调精确性的投掷武器。弓问世于石器时代的后期。在发明黑火药之前，它一直是士兵手中基本的投射式兵器。在古代弓始终是中国军队最重要的手提兵器。在既有重装弓箭兵，又有轻装弓箭兵的亚述军队中，弓也是主要兵器。早期的弓是一种“单材弓”，它只用一种木料制成。大约到公元前 1500 年，亚洲出现了“混材弓”，有时也称作“角弓”，所用的混合制作材料取决于工匠能够得到哪些材料。这种角弓后来就成为整个亚洲地区和一些欧洲地区所用的制式兵器。直到现在，世界上的一些边远地区仍在使用它。至于战争中更为普遍使用的混材弓，则是用几层不同材料制成的。在历史上的大部分年代里，这种弓通常用一条扁平的木制基板做成弓的中心骨架，在对着弓箭手的一面，压上一层劈开的角片材料；在弓架的另一面，再加上一层野兽的腱。多数混材弓是反射式的，弓弦松弛时，弓的弯曲方向跟弓弦拉紧时的弯曲方向恰好相反。混材弓的长度一般不足 4 英尺（约 1.22 米），而土耳其弓和蒙古弓则在 5 英尺以上。为了有效地使用弓，士兵必须经过反复的技术训练，同时，还需要适宜作战的开阔地形。因此，它成为一种只能在具有专门技巧的士兵手中才能有效使用的兵器。不过，一旦熟练掌握了这种武器的使用技能，达到所谓“百步穿杨”的投掷精度，其战场效果是相当惊人的。“神射手”的传奇屡见于史书中。比如北宋时期，宋军西军与羌人交战，结果中了敌军的埋伏，被上万羌人骑兵杀得溃不成军。形势危急，眼看就要全军覆没，一个叫王舜臣的军官手持弓箭，站了出来。当时，有七个羌人骁骑冲在最前面，宋军根本无法抵挡。然而王舜臣连发七箭，将七个羌人骑兵一一射倒，前三人全部射中面部，后四人在向后逃跑的途中，被射穿了后背。羌人被王舜臣的箭术所震慑，一时之间竟然都逡巡不前，宋军赶紧趁此机会重整旗鼓。之后，羌人卷土重来，上万骑兵杀来，激战一直从下午持续到了晚上，在近 4 个小时的时间里，王舜臣射出了上千只箭，箭无虚发，射到手指破裂，血流满臂。最终，凭借着王舜臣的勇猛和担当，宋军才平安脱险。

除了王舜臣外，南宋时期的金朝神射手郭虾蟆也值得一提。郭虾蟆曾与西夏交战，在一场攻城战中，城上有在悬风板后举手的士兵，被虾蟆一箭射去，手、板俱穿，之后又射死数百人。1236 年，金朝已经被蒙古和南宋灭亡两年，然而郭虾蟆仍然守卫会州城，不肯投降蒙古。随后，蒙古大军围攻会州城，郭虾蟆率兵奋勇抵抗。由于寡不敌众，会州城还是被攻破了，然而郭虾蟆神奇的射术却给同样善射的蒙古人留下了深刻的印象。当时郭虾蟆退守在家中，他站在大草堆上，用门板作为掩护，竟然射杀了两三百蒙古士兵。箭射完后，郭虾蟆才跳入火中自焚而死……除了射杀普通士兵，狙杀敌军主将更能体现神箭手的价值。一般来说，敌方主将是不容易射杀的，他们不仅有亲兵护卫，还有重甲作为保护。但对于神箭手来说，无论有多少人保护，或者穿着多厚的盔甲，只要进入射程就能一箭狙杀。唐高宗曾考验神射手薛仁贵的射术，拿五层盔甲让薛仁贵射。结果，薛仁贵一箭洞穿。在战场上，薛仁贵也能无视敌人的盔甲。当时他奉命镇压铁勒叛军，敌方派出数名骁将挑战，结果薛仁贵连射三箭，三名敌将应声而倒。一般而言，敢于挑战的敌将必然身着铠甲，但对于薛仁贵来说，也就是一箭的事。明末清初，清军有一个名叫雅布兰的神射手，此人也是经常狙杀敌将的好手。后来他随清军攻入四川，与张献忠对垒。由于张献忠十分轻敌，身穿蟒袍就敢到阵前侦查，然后被雅布兰看见。雅布兰举弓搭箭，一箭将张献忠射个透心凉，此前无敌的大西军瞬间兵败如山倒，很快就被清军消灭……17 世纪后，随着火药兵器的崛起，冷兵器时代的投掷武器渐渐退出了历史舞台，但远距离精确击杀的军事需求却没有发生变化，而且在越来越复杂的战场环境中变得更为强烈。

☆ 弓箭是冷兵器时代另一类高度强调精确性的投掷武器

狩猎步枪的军事用途——狙击战术的萌发

作为一种具有变革意义的武器，步枪自出现以来便被火药商与制造者们不断改进。与此同时，使用者们也竭尽全力发挥着武器的性能，进行精确的长距离射击。早在欧洲 30 年战争后期，就已经有很多军队为少数射击技术天赋异禀的士兵，配发精工细制的小口径燧发枪，试图用于击杀战场上的重要目标。差不多同时期的英国内战中，也有用特制小口径燧发枪击毙敌方要人的战记。比如 1643 年 3 月，英国议会大臣布鲁克（Brooke）在利斯菲尔德攻城战中的丧命便是一例。击毙布鲁克的两名保皇党人选择了教堂屋顶这一视野良好的藏身地点。其中一人名叫约翰·戴尔特（John. Dyott），此人使用的是一支身管很长的燧发枪，而布鲁克当时正在一间房屋的走廊上将身体探出窗外观看火炮射击，戴尔特于是仔细瞄准布鲁克并扣动了扳机。弹丸击中了布鲁克的左眼，致其当场毙命。当时的射击距离是 150 码（约 138 米），并不算太远。但是请注意，戴尔特使用的仅仅是一支大口径的滑膛枪，发射的也只是一枚自制的铸铅弹丸。以当时的标准来看，这实在是无比精准的一击。当然，即便是精工细制的小口径燧发枪，由于是滑膛结构，精度依然有限，所谓的精确射击也只是相对于火绳枪而言的。比如 1703 年，布朗·贝斯燧发枪的出现，很快成为此后近一个半世纪里欧洲大多数国家步兵的基本武器。这种枪口径为 0.73 英寸，在 40 码（约 36 米）距离上可以命中 1 平方英

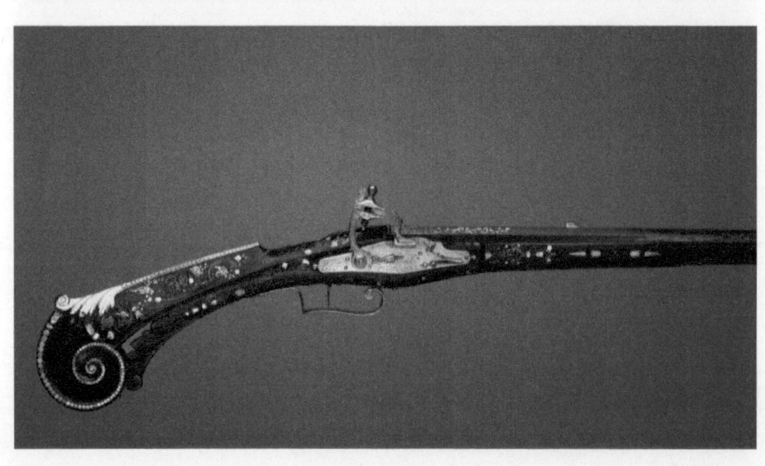

☆ 早在欧洲30年战争后期，就已经有很多军队为少数射击技术天赋异禀的士兵，配发精工细制的小口径燧发枪，试图用于击杀战场上的重要目标

尺范围内的目标，距离越远，精度越差。18世纪末期，普鲁士军队曾用装备燧发枪的步兵进行过试验，架起一面宽 100 英尺、高 6 英尺的帆布，作为模拟目标，然后一个步兵营在不同射程对其进行齐射。距离 225 码时，命中率只有 25%。更能说明燧发滑膛枪精度之差的，是英军汉格上校在 1808 年公开出版的《致卡斯尔雷勋爵的一封信》中那些流传甚广的内容：“如果滑膛枪的钻膛做得不算太差，也不像常见的许多枪那样歪斜，那么士兵可以用它在 80 码（约 73 米）距离上命中人体，甚至能够在 100 码（约 91 米）距离上做到这一点。但是，要是一名士兵在 150 码（约 137 米）距离上被瞄准他的一支普通步枪打伤，他就注定是非常不幸的，至于在 200 码（约 183 米）距离上用一支普通滑膛枪射击某人，你可以认为这就和朝月亮开火一样。我坚持认为并将证明，不论在什么时候，没有人会在 200 码（约 183 米）距离上被瞄准他的人打死。”

正是由于滑膛枪的精度之差令人发指，一些人从陀螺中获得灵感，试图在枪膛内塞入螺旋形的膛线，从而制成了前装的燧发式线膛枪。早在 1476 年，一份意大利文献目录就载有“带有螺旋槽枪管的枪械”，而苏黎世博物馆则收藏着一支 1544 年的瑞士造有膛线火枪。传说大画家兼发明家达·芬奇也曾携自制的线膛枪登上佛罗伦萨城墙，向围城敌军射击，竟然一举命中 300 码（约 270 米）外的目标。线膛枪的原理并不复杂。当子弹在火药气体的作用下嵌入膛线时，便沿着膛线向前运动，同时开始旋转，旋转的弹头与陀螺相似，子弹轴相当于陀螺轴，弹道的切线，即弹头离开枪口后的飞行方向相当于垂直轴。弹头的转速达每秒数千转，它不但绕着弹头做圆圈运动，而且弹头的轴线始终围绕着弹道切线做锥形运动，从而能克服空气阻力，不断向前飞去，保证弹头稳定地向前飞行。膛线的英文读作“来复”，所以这种枪又叫作“来复枪”。虽然前装的线膛枪因为装弹速度过慢，并没有受到法、

☆ 使用线膛枪身着绿军装的普鲁士猎兵

英、奥等欧洲一流军队的青睐，只被一些猎人或是贵族用于狩猎，但普鲁士的费特烈大帝却率先将使用线膛来复枪的猎兵纳入其轻步兵编制，以非线列方式进行自由作战，这意味着狙击战术的正式萌发。普鲁士猎兵的前身是1740年募集的60名向导，他们的任务是进行侦察和引导军队通过地形复杂的地区。作为精锐的轻步兵，猎兵要求头脑敏捷且精力充沛，有良好的作战技巧，而且必须对军队保持较高的忠诚度，以应付小分队独立作战（也就是说能在孤立无援的情况下坚持作战）。当时的普鲁士士兵是通过强制服兵役招来的，由于费特烈大帝对强征来的士兵所组成军队的勇气、忠诚或团队精神不抱幻想（每个男孩出生后，负责洗礼的地方牧师必须向当局报告并登记，男丁在18到40岁期间必须随时听从军队的征调，免于当兵的只有独生子、寡妇的儿子、手工业者、神学院学生或有一大家人需要供养的农夫），所以费特烈将这个军事工作交给他忠诚的、射击技巧高超的博美拉尼亚林木工人与猎场看守们，这也就是猎兵名称的起源（他们高超的射术来自于常年在林场和野外的生活经历）。1744年费特烈建立了两个猎兵连，每连100人，普鲁士猎兵连正式在舞台上出现。这些特殊的轻步兵身穿便于隐蔽的绿色大衣、皮制马甲和马裤，配有大口径狩猎用线膛枪，枪身较短，但精度较好，且威力巨大，一枪能放倒一头200码（约183米）外正在奔跑的野猪。后来在1760年“7年战争”最艰苦的时候，普鲁士猎兵被扩充到800人(一个营)。但遗憾的是，1760年10月，这一猎兵营在施潘道附近的开阔地带上与俄国哥萨克骑兵遭遇，被打得溃不成军。在来年冬天被迫缩编为3个连，猎兵总数又降至300人。到巴伐利亚战争爆发时，普鲁士军队的猎兵再次扩充到6个连，但由于种种原因，猎兵们的表现还是不尽如人意。虽然到了1784年，坚信猎兵能派上大用场的费特烈继续将这6个连的猎兵扩充为一个团，下辖10个连，并在去世前试图再组建两个这样的猎兵团。但整体来说，作为费特烈大帝的宠儿，普鲁士猎兵一直命途多舛，没有体现出被给予厚望的战场价值。不过，普鲁士猎兵的这种遗憾，在大洋彼岸的北美洲战场上却得到了极大的弥补。

☆ 早期移民北美的欧洲殖民者

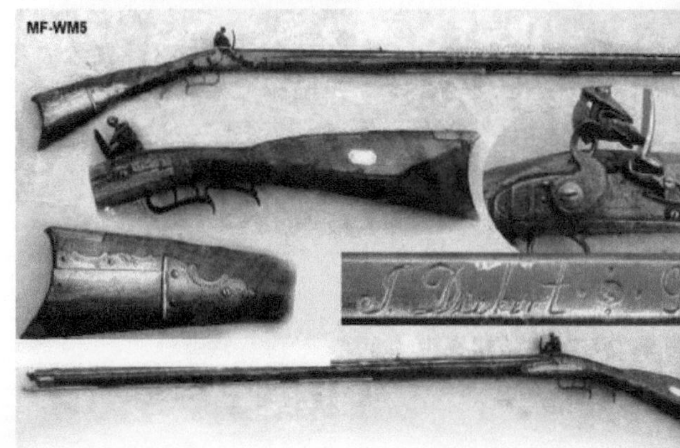

☆ 在1750年，一种带有显著特点的长管火枪开始在北美东部流行起来，并且因最初的产地而被称为宾夕法尼亚火枪（燧发滑膛枪）

与中欧的猎人或是守林人同行类似，开拓北美洲的殖民者也是线膛枪最早的拥趸。因为生活环境的巨大差异，他们对手中武器的要求和大部分欧洲亲戚截然不同。尤其是当殖民者们开始向大陆西部的处女地前进时，就需要用手中的防身武器去打猎获取食物。常规的燧发滑膛枪虽然威力大，却非常笨重，在射程和便携性方面都存在诸多不足。无论对面是习惯使用弓箭的印第安人，还是反应极快的各类猎物，都让习惯于传统射击的殖民者们异常难受。于是，来自德国的制枪者们，开始试图设计和制造一些与普鲁士猎枪十分类似的小口径线膛枪，用来满足殖民者们对远距离精确射击的强烈需求。比如在 1750 年，一种带有显著特点的长管火枪开始在北美东部流行起来，并且因最初的产地而被称为宾夕法尼亚火枪。到了 1815 年后，这种武器又因歌谣《肯塔基的猎人》的广泛传唱，开始被人们重新命名为肯塔基火枪。这种火枪通常使用木制枪托和铜制扳机，枪身总长可达 102~127 厘米，口径为 0.4~0.55 英寸，膛内刻有螺旋形膛线。相比普通枪械来说，其更为重视射程和精度，可以在 150 码（约 137 米）内对人形目标做精确射击。这种用于狩猎的生存工具起初没有受到军事界人士的注意，但当 1775 年北美 13 州的独立战火燃起后，事情很快就变得不一样起来。战争之初，无论是大陆军还是英军，都是按照欧洲传统的线列作战方式，试图有板有眼地打一场“正经”战争。但问题在于，有效的线列作战所依赖的是严格的纪律和操练。即按照每分钟 75 步、每步 75 厘米的缓慢节奏变换射击队形，距敌 100 步时，三列步兵开始依次交替齐射、后退装弹、再次齐射。然而，无论是纪律还是训练，由民兵组成的大陆军都远远不能与英军相提并论，所以很快就败下阵来，只能退入密林，靠着手持宾夕法尼亚火枪的神射手们不断伏击对方军官。他们从小就练就了好枪法，以此来获更多的猎物供自家食用，在 300 码（约 274 米）距离内击中目标对于他们来说并非难事。而英国步兵使用的普通滑膛式燧发枪在 100 码（约 91 米）距离上的精确度都很成问题。长期拘泥于传统作战模式的英军很难想到，自己的军官会迅速沦为战场上的特定击杀目标。同时也难以捕捉这群神出鬼没的偷袭者，所以经常在损兵折将的困境中饱受折磨。比如一个名叫蒂莫西・墨菲的爱尔兰裔大陆军士兵，就曾使用来复枪狙杀了第 71 高地兵团的将领西蒙・弗雷泽，给对方制造了可怕的混乱，在士兵的心理形成了挥之不去的恐惧。对此，一位英国军官在新奥尔良战役中所做的精彩描述，代表了大多数人对这种新型恐惧战争形式的看法，也可能是针对狙击手对人的心理产生影响的第一次描述：最引起我们注意的是一个人在壕沟上举起来复枪，对准我们这群人，我们的眼睛都盯着他。他把枪口对准了谁？但是距离太遥远了，我们面面相觑笑了，但对面一道闪光，我的伙伴从马鞍上摔下来，对方停了一会儿，然后重新装上子弹，恢复了原来的姿势。这次我们没有笑。当来复枪再次闪光时，另一个人又倒在了地上……

显然，使用线膛枪的大陆军神射手们的横空出世，为当时的战争增添了许多新

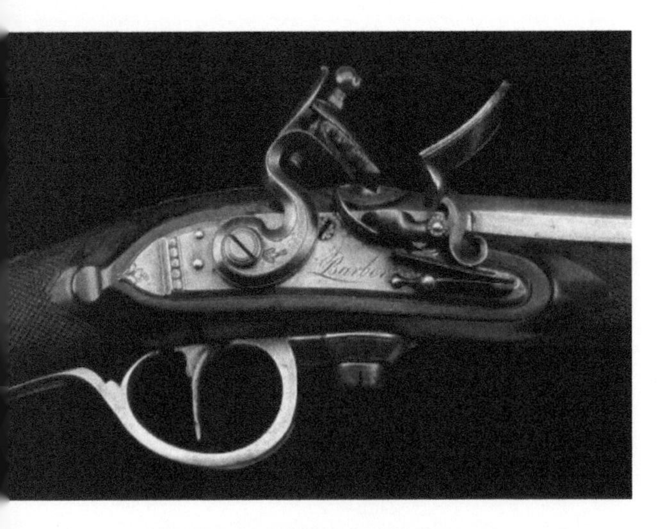

☆ 弗格森后装式线膛枪实物特写

鲜元素。虽然使用特制线膛枪的美军神枪手并没有实质性地影响战争的结果——他们人数太少，但他们在战场上的出现还是引起了英军相当大的不安，启发着英军也去思考和发展专用的精确长距步枪，并重点培养一些使用这些线膛枪（来复枪）的士兵，来承担侦查、伏击和精确击杀等战术任务。事实上，深陷美国独立战争中的英军，很快就有计划地对大陆军来复枪手实施了报复。比如英国军官帕特里克·弗格森，便根据法国工程师肖梅特的发明，设计了自己的后装式来复枪。该枪口径 19 毫米，枪长 120 厘米，弹丸初速 200 米每秒，有效距离在 200 码（约 180 米）左右。1776 年，弗格森在英国伍尔威治兵工厂向英军高层展示了他的新枪。弗格森用他的枪击中了 91 米以外牛的眼睛。高超的射击技术和新枪优异的性能使英军高层感到震惊。他们当场决定立即生产 100 支弗格森步枪，并破格提拔弗格森为少校，任命他组建和指挥一支使用弗格森步枪的特别部队。1776 年，这个使用新枪的英军来复枪连队正式投入作战。他们利用后装枪的填装方便性，使用了极具创新意义的卧姿射击，并多次在与美军来复枪手的对决中表现出色。若非受文化影响而不耻于肆意狙杀，连日后的总统华盛顿都将成为他们的枪下亡魂。1777 年，宾夕法尼亚州日耳曼城附近的格曼顿战役打响。弗格森和他的特别部队被美军包围。但弗格森指挥若定。他利用弗格森步枪后膛装弹的结构优势，命令部队采取卧姿射击的全新战术。结果，他们从容突围，无一伤亡。突围成功后，弗格森看见一个大陆军军官骑马转身离去。他认出那个人就是乔治·华盛顿。他迅速瞄准，准星与缺口的另一端指向了华盛顿的后脑勺。他调整呼吸，平稳地预压扳机……华盛顿并没有察觉死亡即将来临，继续策马离去，此时的华盛顿距离弗格森只有 114 米，完全在弗格森步枪的有效射杀范围内。弗格森清楚，枪响人必倒。但就在这个时刻，弗格森突然收枪起身，命令部队撤退。他放弃了一个改变历史的机会。为什么弗格森没有开枪？其中比较有代表性的说法就是，当时华盛顿背对着弗格森，英国人的绅士风度使弗格森不愿意从背后射击没

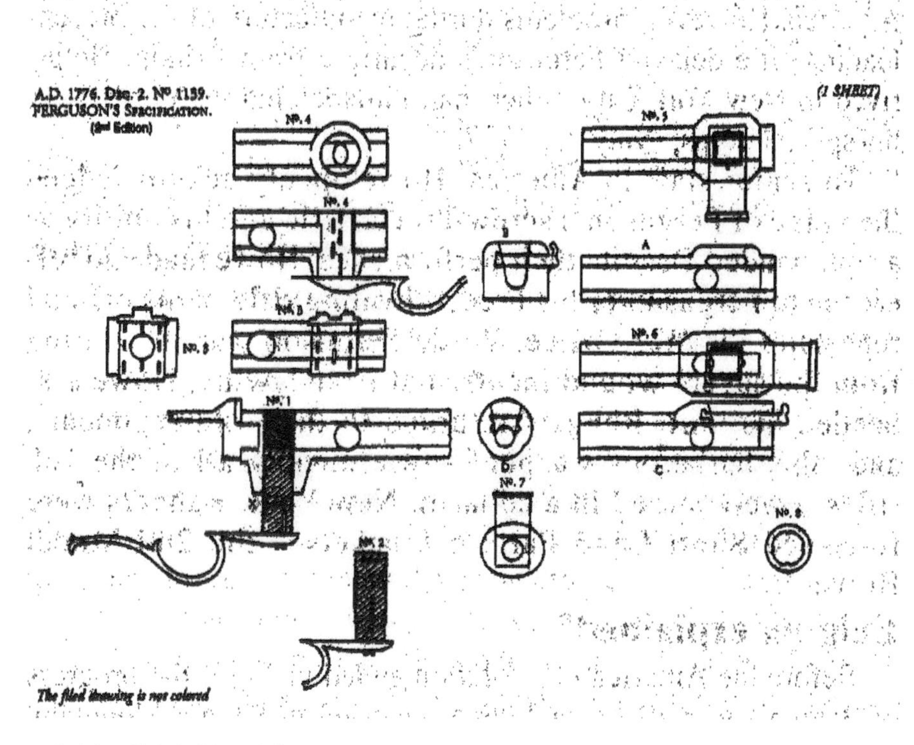

☆ 弗格森后装式线膛枪设计草图

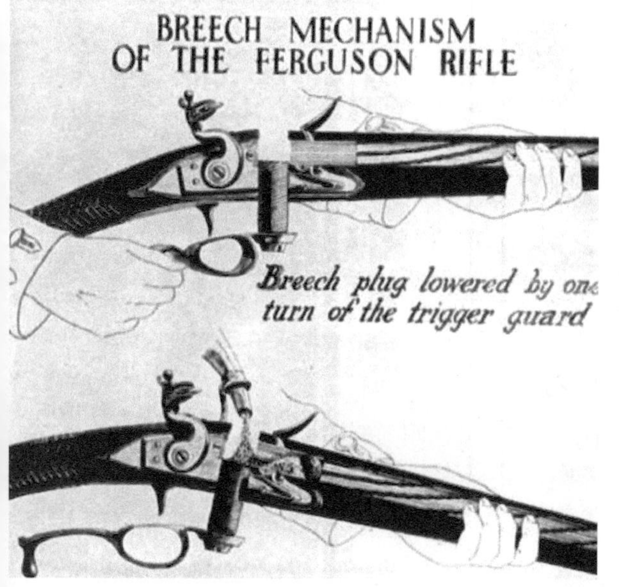

☆ 弗格森后装式线膛枪操枪示意图

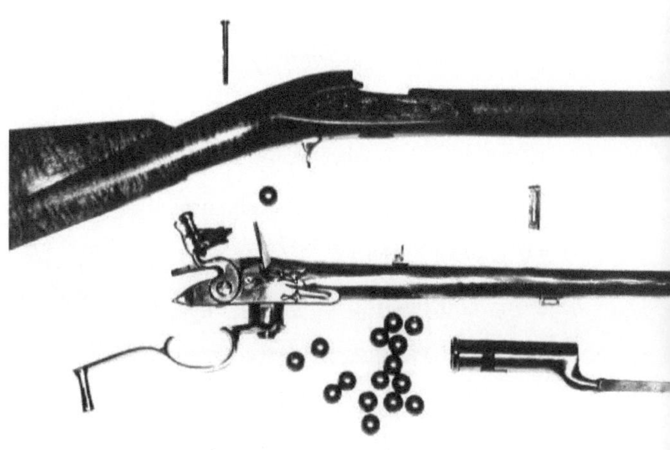

☆ 分解后的弗格森后装式线膛枪

有准备的华盛顿。不管是什么原因，弗格森终究没有射出那颗子弹。

然而即便如此，英军神射手的报复仍然是残酷的。在当年10月的金斯山战役中，一名幸存的大陆军就曾提到，自己的许多战友都死在了英军来复枪联队的枪下。他们甚至在倒地时，还保持着生前的射击姿态。遗憾却又讽刺的是，弗格森最终也死在了大陆军的来复枪枪口下。弗格森在1780年8月7日的国王山战役中，被大陆军的肯塔基步枪手在411米距离上打死。他死后，英军的特别部队向大陆军投降。事实上，在1777年10月，北美大陆军肯塔基步枪队中的神枪手墨菲，在萨拉托加战役中还击毙了率队侦察的英军将领西蒙·弗雷瑟将军。弗雷瑟的死直接影响了战局，导致英军的突围计划破产，萨拉托加战役由此成为北美独立战争的转折点。从某种意义上来说，神枪手墨菲射出了也许是人类历史上很有分量的一颗子弹。不过，这只是一个小预兆，预示着更重要的事情即将到来。从美国独立战争开始，

☆ 现代复刻的弗格森后装式线膛枪

英军实际上就面临着艰巨的两线作战任务——除了在北美洲要应对美法联军外，在欧洲还要受到法军的挑战。虽然美国独立战争结束后，法国的波旁王朝也崩溃了，但在18世纪末，英军又要应对拿破仑帝国的军事崛起。为此，根据美国独立战争中的经验，英军特意组建了两个来复枪联队，用于应对日益复杂多元化的战场环境。这两个来复枪联队的成员虽是从常规列兵中选拔的，但却被要求有更高的教育水平和反应速率，能在部队中担任侦查和突袭的角色。这些精挑细选的轻步兵脱下了传统的红色军服，换上了效仿普鲁士猎兵的深绿色新装。为了强化这支部队的非线列独立作战能力，英国人痛下血本从德意志地区定制了5000支线膛猎枪。到了1800年，伦敦的制枪匠人依希杰·贝克又在德国线膛狩猎步枪的基础上，设计制造出了一种规格更高的高精度来复枪。该枪枪管长度有76厘米，重约4千克，口径分为0.7英寸和0.62英寸（15.9毫米）两种规格。相比当时英军的其他枪械来说，这种全新的贝克线膛步枪不但小巧结实，而且能完成出色的长距精确射击。比如，来自第95来复枪联队的英军士兵汤姆·普伦凯特，就在惊人的300码（约274米）距离上将法军科尔伯特将军射落马下。法国人对他们又恨又怕，将其称为英国绿蝗虫。特制的贝克线膛步枪也因优异表现，与使用它们的英国绿蝗虫部队一起名声大噪……

☆ 英国士兵托马斯·普伦凯特曾在300码（约274米）的距离用贝克步枪击毙了法国将军科尔伯特

☆ 拿破仑战争中使用贝克线膛步枪的英军绿蝗虫

精选步枪与光学瞄准镜的结合——近现代意义上的狙击步枪出现了

从北美洲到旧大陆，从 18 世纪中后期到 19 世纪的前 15 年，一系列战争成为近现代意义上狙击战术和狙击步枪的催化剂。拿破仑战争结束后，线膛枪开始在各主流军事国家中得到了更大范围的普及。如要使滑膛枪与来复枪射击效果相当，在 200 步距离处射击，前者需要相当于后者二倍的子弹，300 步处则是五倍，400 步处至少是十倍。超过 400 步射击距离，滑膛枪已完全失效，而来复枪在 800 码（约 730 米）处还可射击军队队形等大目标。但随之而来的一个问题是，由于线膛枪的工艺越来越精良，有效射击距离很快提高到了 500 码（约 438 米）以上，这使得人而非枪成为制约远距离精确射击的主要因素。人眼在理论上的分辨能力极限可以达到 18~20 角秒，即 0.3~0.33 角分。但受限于感光细胞的分布和具体的生理结构缺陷，视力最佳的人在人眼敏感的光线波段，而且照明充足的条件下，分辨能力也只能达到 1 角分；如果光线条件只是一

☆ 配有3倍管形望远式光学瞄准镜的前装惠特沃斯猎鹬枪实物，其表尺射程高达1097米

般，则下降到2角分——正常视力的人一般在3~5角分。更直观地说，通常情况下在90米处，绝大多数人都不能分辨长宽小于8~13厘米的物体（无论观察者怎样去集中注意力和调节眼睛）。虽然在普通人看来这种能力已经足够了，但是一旦面临更为复杂和不利的条件，比如拂晓和黄昏等光线昏暗的时刻，以及对手刻意寻求隐蔽物进行隐藏的情况，即使是在100米以内，肉眼的观察能力和效率都会降低到令人难以接受的程度，更不用提数百米以外。正是因为这种原因，一些富于想象力的人们开始将光学瞄准镜与精细制造的步枪相结合，试图以此来弥补人眼的不足。

尽管制造工艺要求相当高，但枪用光学瞄准镜的结构并不复杂。与望远镜在本质上没有区别。光学瞄准镜是一种管形瞄准装置，它主要由机械结构和光学镜片结构组成，这其中最重要的就是光学镜片，并且光学瞄准镜内有两条用于瞄准的分划，工作原理是利用光学透镜成像，使目标和瞄准分划重叠在一个平面上，这样在放大视野的同时，给士兵们提供了一定的射击依据。光学瞄准镜的光学组成主要有三部分。目镜组、物镜组和校准镜组。物镜组就是最前面的那一组镜片，物镜组主要就是收集光线。一般来讲，物镜相较于目镜要大。这是因为物镜的直径越大，它所能容纳的光线进入也就越大，视野也就越宽。当然，这么多光线进入物镜肯定不是平行进入的，那么这个调节功能就需要交给目镜组，目镜通过一定的光学镜片组成，将这些不平行的光线改为平行光线进入观察者的眼睛。玩过放大镜的人会知道当透过放大镜观察远距离的物体时，眼睛观察到的是上下左右颠倒的物象。而光学瞄准器的光学镜片组成就是一组透镜，如果进入观察者眼睛的是上下左右颠倒的物象，那么将会对他们的判断造成很大的影响，所以校准镜组的作用就是将物镜所生成的影像进行上下左右颠倒，使进入观察者眼睛的物象和现实生活中的物象相一致。当然，这是结构最简单的枪用光学瞄准镜。放大倍率低，视场也很狭小。随着技术的不断改进，后来的校准镜组还承担着倍率调整（可变倍率光学瞄准镜）、距离补偿调节、风偏调节等功能。有意思的是，最早将光学瞄准镜与步枪进行结合的尝试，并非出自军人之手。拿破仑战争后，在维也纳体系的框架下，从欧洲到新大陆，世界进入了一段相对较长时间的和平时期。由于战争的需求放缓，枪械设计改进的动力转向民用领域。比如从19世纪30年代开始的英国，由于官员、贵族等上流社会人士流行游猎印度乡间或荒野，以射杀一种被称为“Snipe”的鹬鸟（形目鹬属之鹬鸟，亦名沙锥鸟）为乐。这种鹬鸟身形灵巧，极难猎捕，不但考验着射手高超的技巧，也

☆ 毛瑟G98狙击步枪装备的蔡司光学瞄准

需要高精度的猎枪。在这种贵族运动的刺激下，英国制枪匠开始尝试着将光学望远镜置于精制猎枪的枪身上，试图提供一种高精度的狩猎工具。值得一提的是，后来英文中“狙击手”（Sniper）一词正由“猎鹬者”转化而来，而用于猎捕鹬鸟的精制线膛猎枪则被称为“Sniper rifle”（猎鹬枪），即后来所谓的“狙击步枪”。这其中最有代表性的“Sniper rifle”，莫过于英国制枪匠约瑟夫·惠特沃斯于 1850 年研发的一种采用 6 边形膛线，口径 0.451 英寸，并配有 3 倍管形望远式光学瞄准镜的前装“猎鹬枪”，其表尺射程高达 1097 米。

☆ 真正意义上的第一支近现代狙击步枪——惠特沃斯猎鹬枪

与旧大陆的贵族亲戚相比，新大陆的美国人没有那么多的闲情逸致去猎鸟，但他们对猎杀北美野牛或是白尾鹿却兴趣盎然。北美野牛或是白尾鹿当然比鹬鸟要大得多，但同时它们的力量也更大，所以猎手们对一支能够在远距离精确击杀大型猎物的“工具步枪”需求强烈。也正是在这种需求的刺激下，北美洲的制枪匠走上了与欧洲同行殊途同归的道路，发展出了一批类似惠特沃斯步枪的狩猎步枪，同样带有管形望远式光学瞄准镜。这其中最有代表性的莫过于同样在 1850 年首次出现的夏普斯系列民用步枪。夏普斯系列民用步枪的设计者克里斯汀·夏普斯于 1810 年出生在新泽西州华盛顿市的一个普通家庭。20 岁时，他来到弗吉尼亚州的哈珀斯费里兵工厂当学徒，他的师傅就是美国历史上很有名的一位枪械设计师——约翰·霍尔，其设计的霍尔后装枪是美国第一支军用击发式长枪。夏普斯第一次了解枪械就是从霍尔后装枪开始的。霍尔对他极为赏识，把所掌握的制枪技术毫无保留地传授给了这个徒弟。夏普斯在哈珀斯费里兵工厂学习的这段时间里不仅仅是学习技术，还帮助师傅完善了霍尔后装枪。1848 年，38 岁的夏普斯已经学有所成，并开始研发一款新型后装枪。夏普斯在家用木头做出了模型，并申请了专利。不过该专利直到 1848 年 9 月 12 日才被批准。1849 年 4 月 14 日，第一支夏普斯步枪诞生了，被命名为夏普斯 M1849 步枪。该枪首批产量为 200 支。紧接着，夏普斯与一个名叫艾伯特·尼普斯的人合作继续改进了夏普斯步枪的设计，并将改进后的步枪命名为夏普斯 M1850 步枪。与惠特沃斯过时的前装设计相比，0.52 英寸口径的夏普斯 M1850 步枪采用了当时时髦的后装式设计，而且结构相当有意思——类似炮闩的起落块式闭锁，起落块靠充当扳机护圈的一根杠杆操控，拉开时闭锁块下降，露出弹膛。这种结构的闭锁强度和密封性非常高。此后，夏普斯 M1850 步枪又经历了多次改进。比如夏

普斯 M1851 步枪开始采用定装枪弹，取消了火台，扳机护圈与枪机驱动杠杆也开始合并为一体；夏普斯 M1852、M1853 以及 M1855 步枪的机匣经过了一定改进，机匣内空间增大，枪机体积也有所增大，这样枪机的移动更为顺畅，闭锁更为可靠，枪机起落滑动的方向改为与枪管轴线垂直，因此枪机闭锁时枪管尾端基本无缝隙，最大程度减小了火药燃气的泄出。不过，虽然夏普斯系列民用步枪与惠特沃斯猎鹬枪在结构上存在很大的不同，但有一点是类似的，那就是部分做工精细的夏普斯步枪配用了与惠特沃斯猎鹬枪大同小异的管形望远式光学瞄准镜。当时在美国有好几个制造光学瞄准镜的工厂，如位于波士顿的阿尔文·克拉克（Alvin Clark）工厂、纽约的摩根·詹姆斯（Morgan James）工厂等。有意思的是，配用瞄准镜的夏普斯步枪其光学瞄具不是固定的，而是可以前后自由浮动的。以现在的观点来看，这种“浮动”瞄具多少会让精度受影响。但这是受时代技术条件限制的无奈。毕竟当时的光学瞄具很脆弱，如果刚性连接在机匣上，随枪后坐的时候容易损坏，所以就只能选择了这种折中的方法。

☆ 夏普斯M1855步枪

☆ 配有“浮动”式光学瞄具的夏普斯步枪

无论是惠特沃斯猎鹬枪还是夏普斯运动步枪，都在后来的战争中大放异彩。以美国南北战争为例，北方联邦军队共采购了约 9 万支各种型号的夏普斯步枪，南部联盟军也仿制了数量不详的夏普斯步枪，其中北方海勒姆·伯尔丹上校组建的两个神枪手团，装备了约 1500 支特制的夏普斯M1859步枪——与普通的夏普斯步枪相比，这些特制的夏普斯 M1859 步枪除了配用光学瞄准镜外，用双扳机机构，双扳机的第二个扳机是用于调节扳机力，从而进一步提高了远距离射击精度。事实上，这两个使用特制夏普斯步枪的神枪手团名声大噪，以至于后来美语“狙击手”一词的来源，就被称为“夏普手”（Sharp-shooter），即“使用夏普斯步枪的神枪手”。至于惠特沃斯猎鹬枪在美国内战中的使用数量虽然远不及夏普斯步枪（特制的夏普斯 M1859 步枪售价 35 美元，是当时“春田”前装枪的 3 倍，英国制造的惠特沃斯猎鹬枪价格则是夏普斯 M1859 步枪的 3 倍），但其战场价值却毫不逊色。南部联盟军在战前从英国进口了 200 多支带瞄准镜的惠特沃斯猎鹬枪，配发给部队中的神枪手。这些数量稀少的英制狙击步枪却发挥了重大的作用。在 1864 年 5 月的斯波齐尔韦尼亚战役中，北方联邦军第六军的指挥官约翰·塞奇威克将军看到几个部下藏在战壕里，躲避一千米外敌军狙击手。他就嘲笑他们说，“别担心，在这个距离上那些南方佬连一头大象也打不中”。不料，话音刚落，敌军的狙击手扣动了惠特沃斯步枪的扳机，将约翰·塞奇威克一枪毙命。子弹是从他的左眼下方穿入的，这一枪来自南卡罗来纳步枪队中的狙击手本·珀维尔（Ben.Powell），他的战友这样形容当时的情形：“本·珀维尔快步跑进来，告诉我们他可能打死了一名北方联邦军高级军官。他说他在很远的距离上发现了一群骑马的北方联邦军军官，并且瞄准了其中一个看起来军阶较高的人开了枪。这个人立即落马，其他的人也慌忙下马躲藏，并四处胡乱射击。”当晚，交战双方都得到了消息：指挥北方联邦军第六军团的约翰·塞奇威克将军被敌军狙击手击毙。他的死亡直接导致第六军群龙无首，这就使罗伯特·李将军率领的北弗吉尼亚军团得到了喘息……虽然美国内战因此又延续了大约 6 个月的时间，增加了约 10 万人的伤亡，但经此一战，惠特沃斯步枪以远超同时期其他枪型的远程精度，成为世界上第一款真正意义上的进行狙击作战的专用步枪。事实上，此时近现代意义上的狙击步枪轮廓已经被清晰地勾勒了出来——即在普通步枪中挑选或专门设计制造，射击精度高、距离远、可靠性好的专用步枪。其枪管长，加工质量好，各部件均经过严格挑选，保证尺寸公差，因此具有良好的远射性能，并配有专门设计的光学瞄准镜辅助进行远距离精确射击。直至进入第一次世界大战，参战各方的军队已经按照这一原则，普遍装备了大量的狙击步枪。比如德国的毛瑟 G98、法国的勒贝尔 M1886、贝蒂埃 M1907/16、美国的“春田”M1903、英国的 SMLE 李 - 恩菲尔德 MK3 等。以德国发射 8×57 JS 轻尖弹（spitzer）的毛瑟 G98 狙击步枪为例。在开战之初，德军就为其部队装备了 15000 支配用蔡司或是特兰德尔瞄准镜的毛瑟 G98 狙击步枪。这些毛瑟 G98 是从上百万支同型号步枪中精挑细选出的佼佼者——在测试时只要出现数次射击散布较大的枪，就会被淘汰掉。被选中后，为了不让瞄准镜与拉机柄互相干扰，少之又少的这些精品毛瑟 G98 会把拉机柄改成向下弯曲的设计。事实上，精心挑选改造的毛瑟 G98 狙击步枪很快成为堑壕战中散播恐怖的根源，以至于协约国士兵认为，在 300 米范围内，身体任何一部分暴露超过 3 秒，都会招致德国狙击手致命的一枪。

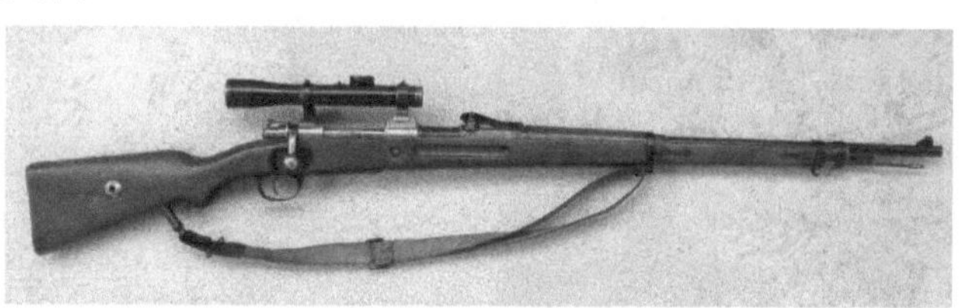

☆ 毛瑟G98狙击步枪——为了不让瞄准镜与拉机柄互相干扰，所以把拉机柄改成了向下弯曲的设计

☆ 精心挑选改造的毛瑟G98狙击步枪很快成为堑壕战中散播恐怖的根源

结语

从一开始，远距离精确击杀就是人类最基本的军事需求之一。特别是进入火器时代之后，随着战场环境的日益复杂，发展能够精确射击的特种步枪已经成为一种必然。当然，即便如此，狙击作战与狙击步枪的产生、酝酿，仍然是一个较长时期内才逐步实现的历史过程。事实上，直到第二次世界大战，无论是狙击战术还是狙击步枪，都与第一次世界大战时期没有本质的区别。至于现代意义上专门设计、制造的专用狙击步枪，出现的时间远比人们想象中的要晚上许多——直到越战之后，主要军事国家才开始装备。

第 2 章

半路出家的经典——美国 M21 狙击步枪

在现代狙击步枪发展的宏大叙事中，越战中出现的美国M21狙击步枪地位显赫。至于这其中的原因非常简单——它是美国第一种真正意义上获得成功的制式军用狙击步枪，今天仍然保持着旺盛的生命力……

从凑合用的M1903A4狙击步枪说起

☆ 作为在M1903步枪基础上取消机械瞄具，换用高精度枪管，加装光学瞄准镜的狙击改型，M1903A4在枪械平台的结构和性能上与毛瑟98K狙击步枪非常相似

从二战到越战早期，美军狙击手的主要装备始终是M1903A4 7.62毫米口径狙击步枪。然而，人们对它们的评价却十分有限。以M1903A4狙击步枪为例。M1903步枪实际上是德国毛瑟G98委员会步枪的美国变种。即春田兵工厂在毛瑟兵工厂的特许下研制，旋转后拉式枪机直接仿自德国毛瑟G98委员会步枪。作为毛瑟血统的典型特征，M1903枪机上有三个凸榫，两个在枪机头部，另一个在枪机尾部。前面的两个凸榫就是闭锁凸榫，有些人把尾部的凸榫误认为是第三个闭锁凸榫，但实际上它只是一个保险凸榫，并不接触机匣上的闭锁台肩。枪机组很容易从机匣中取出，在机匣左侧有一个枪机卡榫，打开后就能旋转并拉出枪机。另一个毛瑟血统的著名特征是M1903的拉壳钩，有一个结实、厚重的爪式拉壳钩在枪弹一离开弹仓时，就立即抓住弹壳底缘，并牢固地控制住枪弹直到抛壳为止。这项技术被称为受约束供弹(controlled round feeding)，是保罗·毛瑟在1892年时的重要发明，由于拉壳钩并不随枪机一起旋转，因而避免了步枪上出现双弹的故障。

当然，M1903并不是毛瑟G98委员会步枪的简单复制。与原型的毛瑟G98委员会步枪相比，M1903缩短了枪管，所以长度比毛瑟步枪短，拉机柄改为向下弯曲便于携行。由容量为5发子弹的弹仓供弹。至于M1903步枪配用的M1906步枪弹

☆ 从二战到越战早期，美军狙击手的主要装备始终是M1903A4 7.62毫米口径狙击步枪。然而，人们对它们的评价却十分有限

（0.30-06 步枪弹）则是在毛瑟式无底缘弹（所谓的 0.30-03 步枪弹）的基础上改进而成的，此弹比 0.30-03 步枪弹长一些，弹头质量从 14.26 克改为 9.72 克，弹头形状由圆头改为尖头，改善了弹道系数，使弹道更低伸。为此，M1903 步枪加装了与 M1906 步枪弹弹道相适应的表尺，最大表尺射程从使用 0.30-03 步枪弹的 2200 米提高到 2560 米。虽然 M1903 步枪在一战战场上的表现尚可，但在二战战场上，作为狙击步枪使用的 M1903A4，其作战表现只能用丢人现眼来形容。作为 M1903 步枪基础上取消机械瞄具，换用高精度枪管，加装光学瞄准镜的狙击改型，M1903A4 在枪械平台的结构和性能上与毛瑟 98K 狙击步枪非常相似，但后者的战场水准却比 M1903A4 优越得多。究其原因，精度提升不明显只是次要的方面，主要的因素在于瞄准镜上的差距太大。M1903A4 配用最多的 M73B1 瞄准镜不仅放大倍率更低（只有 2.5 倍，二战时德军普遍为其毛瑟 98K 狙击步枪配用 4 倍或是 6 倍瞄准镜），视场更狭窄，而且不具备密封防潮功能，以至于在热带丛林中瞄准镜内部起雾凝结水珠的现象非常严重。在南太平洋岛屿的惨烈战斗中，很多倒霉的美军狙击手因此陷入根本无法瞄准的尴尬中。尽管在二战中，M1903A4 就已经是一种凑合用的狙击步枪，由于美军对步兵武器的研发始终算不上热心，所以这种早就应该被淘汰的狙击步枪不但经历了朝鲜战争，而且还被美军带入了越战。此时这种步枪的岁数已经超过了大部分美军士兵父亲的年龄，而且依然对潮湿闷热的东南亚丛林战场严重水土不服。

☆ 二战中普遍使用的M1903A4狙击步枪

☆ 由于美军对步兵武器的研发始终算不上热心，所以M1903A4这种早就应该被淘汰的狙击步枪不但经历了朝鲜战争，而且还被美军带入了越战

M1D 的可取之处与 M14 的新生

☆ M1D是M1伽兰德7.62毫米半自动步枪的狙击版本，瞄准镜与M1903A4通用

越战早期，美军带入中南半岛战场的制式军用 7.62 毫米狙击步枪，除了 M1903A4 外，还有一种 M1D。M1D 是 M1 伽兰德 7.62 毫米半自动步枪的狙击版本。这是在二战末期针对美军要求而生产的。当时兵工厂试验了两种加装瞄准镜的型号，分别为 M1E7 和 M1E8。在 1944 年 6 月 M1E7 被重新命名为 M1C 并被正式采用为标准的制式狙击步枪，计划取代 M1903A4 狙击步枪，但在二战末期只有少量 M1C 狙击步枪发放到前线部队中使用。而 M1E8（重新命名为 M1D）虽然是与 M1E7 同时研制，但在 1944 年 9 月才被正式采用，而且直到战争结束后才装备部队。美国海军陆战队是在 1951 年正式采用 M1C 作为他们的制式狙击步枪，并在朝鲜战争期间广泛使用。M1C 与 M1D 之间实际上只有细微的差别，简单的方法是看瞄准镜的安装方式。M1C 使用的镜架用销子和螺丝固定在机匣左侧，而 M1D 则是把瞄准镜座安装在一个枪管衬套的左侧上。这两种安装方式都使瞄准镜偏左，不影响装填 / 抛壳，也不妨碍使用原来的机械瞄具。M1D 的方式只是增加一个枪管衬套，不需要改造机匣，因此对步枪本身的改动较小。值得注意的是，不同于 M1903 对枪支平台本身的精挑细选，无论是 M1C 还是 M1D，都仅仅是给普通的量产型步枪加上瞄准镜而已。不过即便如此，M1D 枪械平台本身的性能并不差。事实上，在朝鲜战争中，我军著名神枪手张桃芳也使用过 M1 伽兰德步枪。这意味着作为一支狙击步枪，M1 伽兰德有着很不错的基础。虽然受瞄准镜的拖累，人们对 M1D 的评价同样不高（大多数 M1D 与 M1903A4 共用同一种瞄准镜，通常是 2.5 倍的 M84），但作为一种半自动狙击

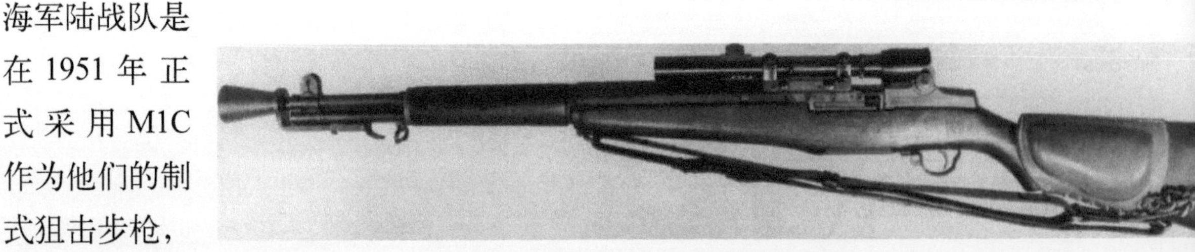

☆ M1C狙击步枪，安装M82瞄准镜、M2消焰器和T4皮制贴腮

步枪，其火力持续性却大大优越于栓动的 M1903A4。这一点在热带丛林密布的越南战场上显得尤为重要——在这种战场环境中，战斗大多发生在中近距离，所以压倒性的火力密度是关键性的。

事实上，早在 1959 年，美国陆军就根据朝鲜战争的经验，在狙击步枪的栓动和半自动两条路线中，选定了后者。这一选择在几年后发酵的结果，就是与 M1D 有着密切亲缘关系的 M21 7.62 毫米狙击步枪。M21 实际上是为 M14 7.62 毫米口径自动步枪加装瞄准镜的狙击版本。而 M14 又是 M1 伽兰德的全自动射击改进型号。M1 伽兰德发射 .30-06（7.62×63 毫米）步枪弹，采用导气式自动原理，枪机回转闭锁方式，具有可靠性好，射击精度高的优点，但根据美军在第二次世界大战期间得到的经验表明 M1 伽兰德步枪仍有许多方面需要改进。首先是 8 发固定式弹仓弹容量太少，而且在不打光子弹的情况下必须把剩余枪弹全部退出才能给步枪重新装满子弹；其次是步枪的长度和重量都太大；另外 M1 伽兰德所用的枪弹也太长和太重，导致一名士兵携带的弹药量太少。最先尝试改进 M1 伽兰德是在二战期间开始的。1944 年伽兰德制造了一种名为 T20 的试验枪（“T”指“试验”），T20 基本上是配用 M1918 BAR 的 20 发弹匣并装有快慢机的 M1 伽兰德步枪。在当时美国也有一些改进 .30-06 步枪弹的试验，最后研制出了 T65 步枪弹（最后定型为 7.62 毫米北约标准弹），T65 的弹壳比 .30-06 弹缩短了 1/2 英寸（12 毫米），但保留了原来的弹头。T65 比较轻，生产成本也比 .30-06 稍低，而有效射程远，精度也很好，此两项正是美国陆军所需要的，在当时美国军方还不接受中间威力型子弹的想法。

伽兰德在对 T20 原型枪经过几次改进后，最后又改进出发射 T65 弹的 T37 步枪。在 1950 年初期，T37 发展成为 T44 实验步枪，其特点是重新设计了外形，并改进了导气系统，在 T44 上再进一步的研究就是

☆ 不同于M1903对枪支平台本身的精挑细选，无论是M1　C还是D，都仅仅是给普通的量产型步枪加上瞄准镜而已

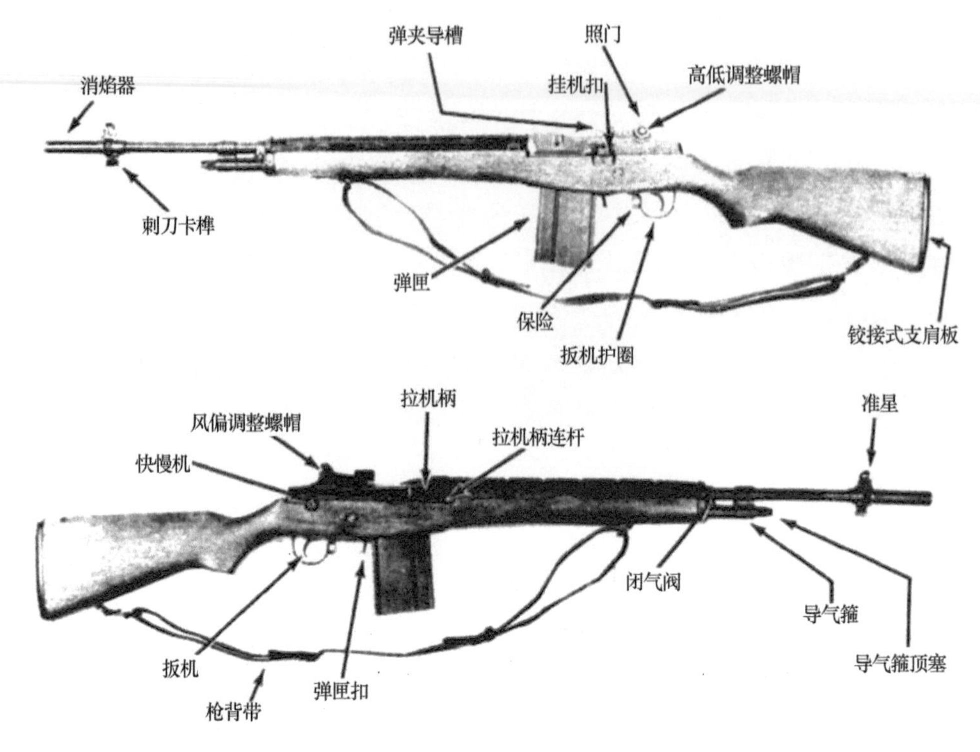

☆ M14基本上是一种改进的M1伽兰德步枪，发射7.62×51毫米NATO弹，弹容量比M1伽兰德大，调整快慢机可实施半自动或全自动射击。不过事实上在美国军队中的M14大多数都把快慢机柄换成快慢机锁，限制其只能进行半自动射击

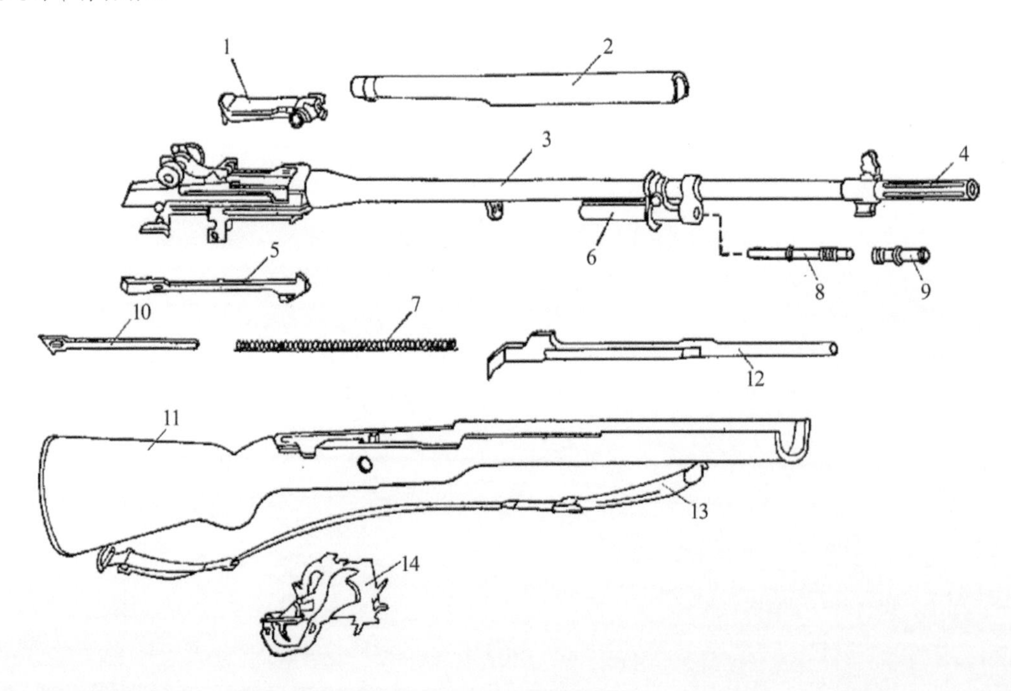

☆ M14主要零部件：1－枪机；2－上护木；3－枪管和机匣组件；4－消焰器；5－连发杆；6－导气箍；7－复进簧；8－活塞；9－导气箍顶塞；10－复进簧导杆；11－枪托；12－机匣；13－背带；14－击发机构

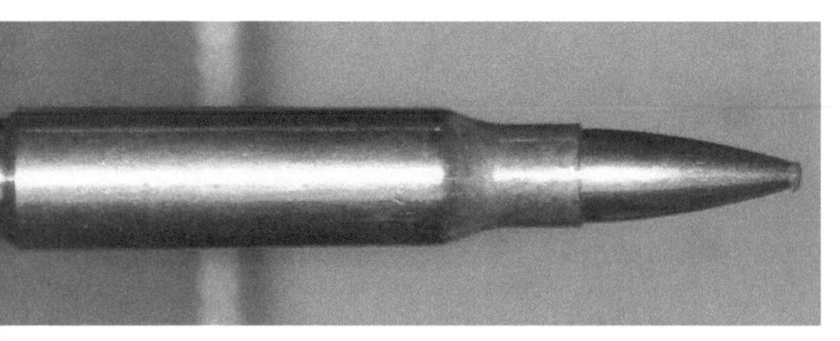

☆ M14使用的7.62×51毫米北约标准弹——T65步枪弹

稍做改进的 T44E4 和 T44E5（重型枪管班用自动武器），经过进一步的试验和改进后，在 1957 年 5 月 1 日，美国陆军军械部长宣布正式采用 T44E4，并命名为美国 7.62 毫米 M14 步枪，同时采用重型枪管的 T44E5 也被命名为 M15。从 1945 年美国实施“轻型步枪研究计划”开始，M14 步枪经历了 12 年的研制，用于步枪设计、研制、试验和改进的总投资达 635.2 万美元。M14 和 M1 相比，最大的不同是子弹，M14 使用的是 7.62×51 毫米子弹，也就是第一代的北约标准子弹，而 M1 使用的是 .30-06 步枪弹，子弹口径也是 7.62 毫米，弹壳长度是 63 毫米，两者弹道特性相似，但无法通用。7.62×51 毫米北约标准弹（NATO 弹）原本是美国的 T65 型 .30 步枪弹，T65 的研制与二战末期改进 M1 伽兰德有关，许多步兵希望 M1 步枪能装填更多的弹药，而且有连发功能，同时又认为射速比较快、弹容量比较多的 M1 卡宾枪的枪弹威力不足。在 1945 年 9 月，经过初步测试后，美国军械技术委员会打算研制一种新的步枪弹，以取代 .30-06 步枪弹。原本他们打算参考德国 7.92 毫米短弹或苏联的 7.62×39 毫米这两种中间威力弹。但美国陆军中的传统思维主义者始终觉得中间威力弹的有效射程和威力都有限，不能满足美国步兵的要求。军械技术委员会最后想出一个折中方案，就是把 .30-06 M2 步枪弹的弹壳稍微缩短。T65 步枪弹虽然比 .30-06 M2 弹短了半英寸，但初速仍然有 2800fps（848 米 / 秒），与 .30-06 M2 基本相同，就是因为新研制的发射药即使装药量较小，仍然能产生与 .30-06 M2 弹相同的压力。使用 7.62×51 毫米北约标准弹的 M14 实际上是在 M1 的基础上，将 8 发弹匣改为 20 发弹匣，并且增加了全自动射击功能，M14 同样具备 M1 的优点，弹道平直，射击精度相当好。虽然在越南战场上，M14 因为水土不服而声名狼藉——M14 太长太大，在丛林中不灵活，也发挥不出全威力弹的射程优势；而全木制的枪托一受潮，枪就变重，精度也变得很差；而 7.62 毫米 NATO 弹仍然太重，使巡逻部队的单兵弹药量有限。另外 M14 的快慢机通常都不使用，因为 M14 太轻而弹药威力太大，在点射时枪的跳动严重，使散布面太大，以至于在 1964 年越南战争的特种战争阶段刚一结束就被停产，并在 1967 年被 M16 5.56 毫米小口径突击步枪全面取代。不过，作为 M14 狙击版本的 M21 却相当成功。

在越南战场上，虽然 M16 全面取代了 M14，使美军在 200~300 米射程上的火力大为增强，但在进行远距离上的精确射击时，M16 则显得无能为力，美国陆军司令部认为急需为作战部队配备一种新型的

☆ 用作美军礼仪枪的M14

狙击步枪。1966年，位于岩岛的美国陆军武器司令部、本宁堡的战斗研究司令部和阿伯丁的有限战争委员会与美国陆军射击训练队一起共同研究了新型的狙击步枪。他们将所有能使用的军、民用枪与各种瞄准镜和枪弹配合使用，并根据自己制定的原则标准和精度标准，最后选择了配有莱瑟伍德3~9倍ART瞄准镜的一个精确化的M14NM半自动步枪，并命名为XM21。1969年，陆军的岩岛兵工厂（Rock Island Arsenal）把1,435支M14NM步枪改装成XM21狙击步枪，并提供给在越南的美国陆军和海军陆战队的狙击手使用。事实上，M21令M14重获新生，其本身也可以视为一支经历了大幅度重新设计的M1D。将M14步枪精确化主要是进行以下几项改进，首先当然是选用重型精制枪管，其次是选用一个合适的瞄准镜，当然还要优化发射机构，因为一个平稳而敏感的扳机对于提高单发射击精度是极为重要的，最后就是选用精度高的枪弹，XM21所配用的是盐湖城武器弹药厂生产的M118专用弹，弹头初速810米/秒，弹道比7.62毫米北约标准弹低伸，接近.30~06弹。最初的M21枪托由核桃木制成，用环氧树脂浸渍，后来改为玻璃纤维护木。开始时，M21配用的是只有2.2倍的M84瞄准镜，由于使用效果不理想，很快就更换为詹姆斯·莱瑟伍德少尉设计的3~9倍ART（Adjustable Ranging Telescope，可调距离的望远镜）瞄准镜，瞄准镜座也是莱瑟伍德设计的。

作为狙击步枪版本，M21与M14还有一些其他区别。比如枪管是经过严格挑选出来的，并经过测量仪器的精确测量，保证符合规定的制造公差，枪管内膛不镀铬；M21使用玻璃纤维黏合剂将机匣固定于枪托上，枪管和机匣结合好后，用环氧树脂封固；M21活塞和活塞筒是手工装配，且都抛光，动作可靠，同时能避免火药残渣积存；M21导气箍和下套箍牢固地结合为一体；M21发射机构用手工装配并抛光，以利于击锤解脱，扳机拉力为19.99~21.07N；M 21枪口的消焰制退器经铰孔，消除了偏心误差。可以外接消声器，不会影响弹丸的初速，但能将泄出气体的速度降低至音速以下，使射手位置不易暴露。在整个越战期间，美军共装备了1,800支配有ART瞄准镜的M21。与它的数量不成匹配的是它惊人的狙杀纪录。在一份美国越战杀伤报告中记载，1969年1月7日至7月24日半年内，一个狙击班共射杀北

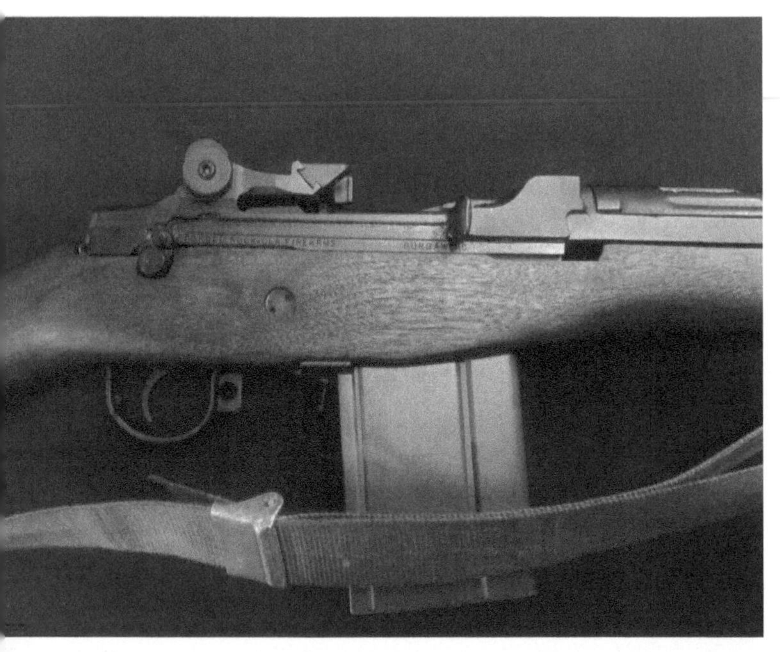

☆ M14NM改进思路主要围绕着提升部件机械加工精度、尽可能消除一切多余振动、使枪械内部机构的运动尽可能平稳、顺滑

越军人 1,245 名，耗弹 1,706 发，平均 1.37 发子弹击杀一个目标。同时，M21 射击隐蔽性好的特点也令对手心生畏惧。M21 的消焰器可外接消声器，该消声器不会影响弹丸的初速，但能把泄出气体的速度降低至音速以下，使射手位置不易暴露。在越战中，美军狙击手就经常采用一种被称为“Silent Death”（寂静射杀）的战术，他们在夜间行动，事先埋伏在稻田里，使用消声器和夜视瞄准具射击 200~300 米距离上的目标，并发射一种初速小于 330 米 / 秒的亚音速步枪弹（M118 NM）。关于“Silent Death”（寂静射杀）有这么一个战例：一个班的北越士兵在深夜沿着小树林潜行，突然领头的倒了下去，他们都有作战经验，立即卧倒并滚到了沟里去。大约 15 分钟后，另一个北越士兵起来去捡死者的枪，结果又倒了下去。于是越南战争中传出了美国人使用了激光武器和制导枪弹的说法……

从枪械到弹药——M14 7.62 毫米口径狙击步枪的特点

M21 在越南战争中一炮而红，一直到 1988 年，才被 M24 狙击步枪取代。所以，作为一支非常成功的经典狙击步枪，剖析其结构和设计上的一些特点是很有必要的。首先是 M21 所采用的枪械平台。M21 所采用的枪械平台被称为 M14 NM（National Match，国家竞赛）步枪。M14 NM 改进思路主要围绕着提升部件机械加工精度，尽可能消除一切多余振动，使枪械内部机构的运动尽可能平稳、顺滑。主要通过加工、装配工艺上的重点改进，以及材料部件的选用来提高枪械的射击精度，而不仅仅是取消全自动射击功能。比如 M14 NM 配用高精度弹药设计的竞赛级枪管，每一根都按照制造公差严格精选，并用测量仪器精确测量。为了保证内壁的均匀一致，甚至没有采用镀铬处理，消焰制退器也经过铰孔加工，以消除偏心误差提高精度。M14 NM 的扳机设计改进同样很值得一提。一般作为专用狙击步枪，往往都会重新对扳

机部件进行重新设计，比如为了减小扣动扳机时影响枪管指向减轻扳机力，设计了二道火功能（前推扳机完成设定以后，轻轻用力扣动就能击发）——苏联的SVD、德国的G3/SG1都是如此。

然而，M14 NM在这方面却乏善可陈，并未对此进行改进——这或许与美国陆军射击文化中的传统密切相关，很多美国狙击手对二道火功能并不热衷，甚至是非常抵制的。不过，即便没对扳机结构进行重新设计，M14 NM在扳机部件的选材和装配工艺上却十分讲究。比如类似于导气系统的活塞和活塞筒，扳机组件需要对每一个零件进行抛光和精密装配。M14 NM扳机力仅从M14的2.5~3.4千克减小到2.05~2.15千克，但一批产品中彼此的差异范围却不到原来的1/9~1/10。每一支步枪的扳机在使用特性上都表现得极为接近。这意味着M14 NM在装配、生产上极大地提升了一致性、精密性。使用M14 NM的狙击手随便更换任何一支枪械，都能体会到击锤解脱动作的平稳、顺滑，将每一支枪都发挥出九成以上的性能。扳机组件的精密性是这样，M14 NM其他部件的精密性也是如此。为了尽可能消除枪械上存在的活动间隙，机匣是先用玻璃纤维黏合剂在枪托上固定好，然后在枪管与机匣组装好后，又进一步用环氧树脂封固。导气箍和下套箍也由此变成了永久性的固定结合件。事实上，M14 NM这些材料和装配上的讲究，深刻地体现了高精度步枪和普通步枪在定位上的巨大差别：前者具备了明显的精密仪器色彩，精度是最重要的性能，而且要尽可能避免无谓的拆装；后者则要求具备较好的分解维护性能，以满足士兵平时拆装训练、认识枪械结构，战时能够进行拆卸换件，以排除枪械故障，从战损枪械中组装出可用枪械的要求。

☆ M21所采用的枪械平台被称为M14 NM（National，Match国家竞赛）步枪

瞄准镜的选型和设计，是M21大获成功的另一个重要因素。正如前文所述，M1C/D（实际上也包括M1903A4）最令人诟病之处，就在于拉胯的瞄准镜。虽然在M21项目的最初规划中，根本没有配套的

☆ ART瞄准镜将倍率调整钮连接到一个修正弹道高度的滑槽上，并把标准的十字瞄准分划线加上水平和垂直的标记线

瞄准镜研制计划；而只是尝试用 M14 NM/M118 的枪械弹药平台与各种现有瞄准镜进行结合试验，将作战效能最高的组合挑选出来。这个阶段选中的瞄准镜是性能相当落后，但已经大量装备于 M1903A4 和 M1C/D 的 M84。这自然是一个十分糟糕的选择。M84 的放大倍率只有 2.2 倍，分划是由垂直方向上的细金属杆和水平方向上的细金属丝组成的 T 字结构，没有刻度，完全无法实现测距功能。无论是光学性能还是结构水平，都大幅度落后于二战时德军使用的同类产品。这意味着早期型 M21 狙击步枪，虽然 M14 NM 平台本身的性能相当不错，但由于光学瞄准境的巨大短板，高精度射击的有效射程不会超过 200 码（约 182 米），枪械平台性能优势的发挥无从谈起。令 M21 狙击步枪摆脱这种尴尬的，是来自雷德菲尔德的一款新型狩猎用瞄准镜，放大倍率 3~9 倍可调，物镜直径 40 毫米。它通过大直径的物镜镜头和变倍系统，实现兼得近距离大视场和远距离的高倍率观察能力。这种狩猎用瞄准镜试用于 M21 后，美国陆军有限战争实验室（Limited Warfare Laboratory，LBL）发展出了一套新的瞄准系统，主要是把倍率调整钮连接到一个修正弹道高度的滑槽上，并把标准的十字瞄准分划线加上水平和垂直的标记线。这种重新设计后的雷德菲尔德狩猎用瞄准镜被重新命名为 ART（Automatic Ranging and Trajectory，自动测距及修正弹道）瞄准镜。

ART 瞄准镜的特点是在十字分划的横标线和竖标线上各有两个准距线。当放大倍率为 3 时，横标线的两个准距线对应

☆ 雷德菲尔德ART（Automatic Ranging and Trajectory，自动测距及修正弹道）瞄准镜

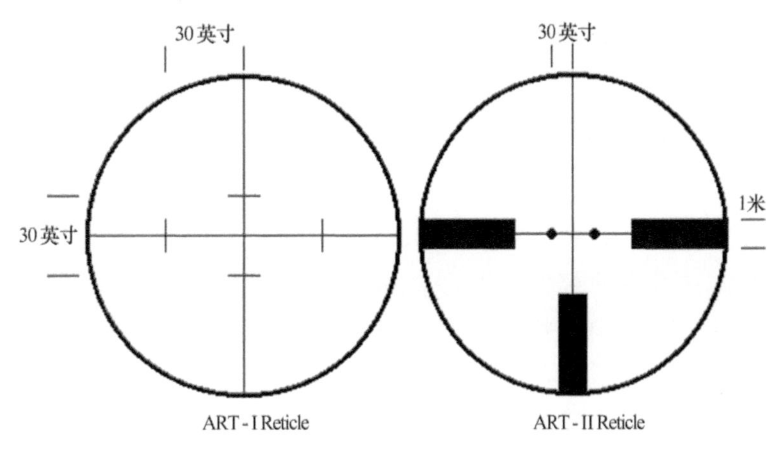

☆ ART-I与ART-II两种不同的十字分划

于 300 码（约 274 米）处的实际长度是 60 英寸（1.52 米），而竖标线的两个准距线则对应 30 英寸（0.76 米）。普通士兵的腰带到钢盔顶部的长度是 0.76 米，故在 300 码的距离上，瞄准镜放大倍率装定为 3 时，竖标线的两个准距线刚好分别碰到瞄准镜中人像上的腰带和钢盔顶。若目标在 300 码以外，可调整放大倍率环圈，使准距线再次落到腰带和钢盔顶上。距离与放大倍率是成正比的，例如距离为 300 码时，使用 3 倍放大率就刚好使准距线落在腰带和钢盔顶上，那么在放大率为 9 的情况下，准距线落在这两个位置时，所对应的距离就一定是 900 码。由此可使狙击手准确判定目标的距离。此外，ART 瞄准镜还有另外一个作用——能自动给出步枪准确的射角。该瞄准镜放大倍率环圈上有一个弹道调整凸轮，它依据所使用的枪弹的种类进行装定。当把准距线调到上述正确的位置后，不仅可读出目标的距离，而且可以根据瞄准镜轴线的移动来给出步枪的射角。其做法是，先确定出弹道调整凸轮——通常用 M118 比赛弹作为标准，在瞄准镜架的凸轮座上的位置，并用瞄准镜架中的弹簧定位。这样，不管放大倍率环圈（弹道调整凸轮即装在上面）如何调整，只要两条准距线之间的目标的高度是 0.76 米，就可以读出准确的距离。一般的经验做法是，对于 0.38 米高的目标，狙击手可把目标调在横标线和竖标线上的一个准距线之间；对于 0.51 米高的目标，则目标应占据两准距线之间 2/3 的长度；对于 1.5 米高的目标，如果方便，最好使用横标线上的准距线。ART 最大的优点是测距的动作和弹道高低的修正同时完成，大大降低了狙击手的准备时间，可以快速地接战临时出现的目标。但是它的缺点是：有效距离受限于瞄准镜的倍率，由于倍率也是测距和修正弹道高低的主要工具，最大距离只到 900 码（大约 822 米），超出此距离时，除了靠经验估计，没有其他方法可以辅助。由于要求目标在瞄准镜上呈现的影像大小一定，无法在较近距离时使用较大的倍率，以求精确地狙击目标某一部位，瞄准镜和弹道导轨整体归零不易。后来 ART 瞄准镜经过改进，把倍率调节环与弹道调节凸轮各自独立，并改变了分划形式，改进后的 ART 瞄准镜被称为 ART-Ⅱ，而原来的 ART 瞄准镜被称为 ART-Ⅰ。

值得注意的是，出色的枪械平台和不再拉胯的瞄准镜，仅仅构成了 M21 成功的一半因素。如果忽略掉专用狙击弹药的贡献，那么我们对 M21 的评价就会失去至关

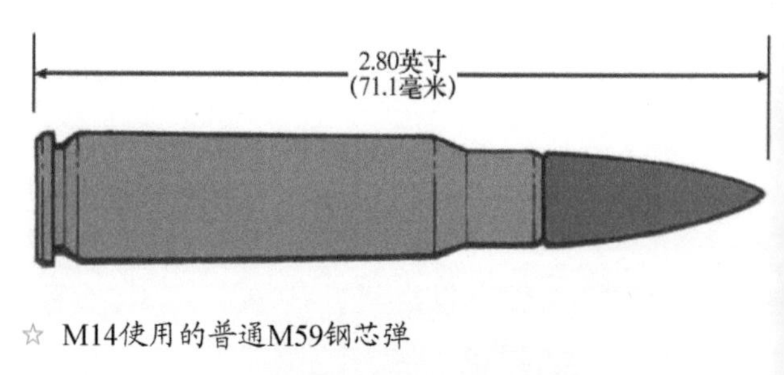

☆ M14使用的普通M59钢芯弹

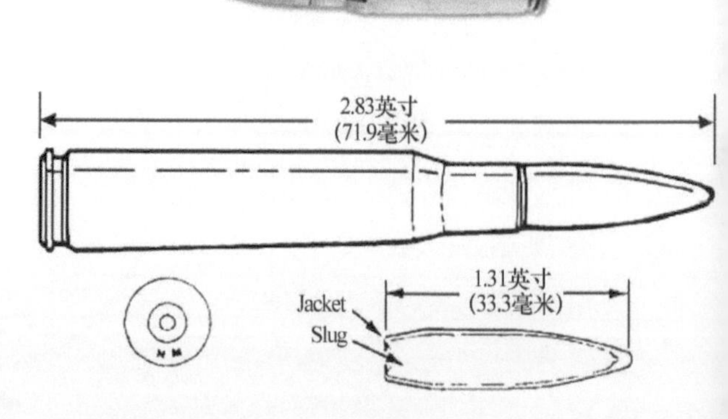

☆ M118 NM狙击弹

重要的那部分内容。事实上，人类工业发展过程中的一个重要特征，就是加工装配的精度在不断地提高和普及，在质与量两个方面都不断扩展。评价一个国家在某个工业领域的能力高低，完全可以凭它是否能用低成本在大批量消耗品上实现稳定的高精度表现作为标准，专为 M21 研发的 M118 NM 高精度弹药就是一个极佳的例子。这是一种铅芯、船形尾结构的亚音速子弹。根据测试，在 M14 NM 上发射 10 发一组，在 600 码（约 550 米）的散布小于 12 英寸（305 毫米）。虽然这样的精度还比不上专用的竞赛弹，但比普通的 M59 钢芯弹已经出色很多。能够将 M14 NM 枪械平台的弹道性能淋漓尽致地发挥出来。真正值得关注的是 M118 NM 弹精密的生产质量。美国海军陆战队的一位著名狙击手曾对同一批号的 M118 NM 弹进行了多个方面的测量比较。比如在弹头重量的差异上，最大偏差不到 0.15 克；在发射药装药量的差异上，最大偏差不到 0.0324 克；在弹壳的同心性上，最大偏差不到 0.069 毫米；在枪弹上膛以后，弹头尖偏离枪管中心轴线的误差最大不超过 0.066 毫米。在相同精度标准下，以数十万、百万级别的产量制造枪弹这样的小尺寸消耗品，如此程度的军用弹药生产质量，即便到今天能够达这样标准的国家也不超过三个，远少于能够制造原子弹的国家数量。这也从一个侧面反映了美国军事技术优势的深层本质。当然，M21 也不可能是完美无瑕的。比如即便经过了再次改进，ART - Ⅱ瞄准镜仍有不可忽视的缺点。由于同时拥有内部和外部弹道调节机构，ART- Ⅱ瞄准镜的安装和校正归零是一件相当困难的事情。在校正瞄准线的过程中，必须进行过量的水平修正，这时候瞄准镜的水平调节旋钮上已经没有了刻度，具体调节了多少狙击手本人都说不清楚。即使是一个经验丰富的狙击手，要真正准确地将 ART- Ⅱ瞄准镜归零，也通常要花上 3 个小时的时间。尤其是在 ART- Ⅲ引入快速瞄准镜拆卸设计以后，这种过量而且没有精确刻度的风偏调节会使更换瞄准镜后的校正工作变得极为复杂。狙击手们提出的明确对策就是在校正好 ART- Ⅱ瞄准镜以后，绝对不要随意拆卸。不幸的是，越南战场的实战经验证明，使用 M21 的狙击手昼夜交替执行任务，白天使用白光瞄准镜，晚上使用夜视瞄准仪是很常见的事情。瞄准镜归零校正的复杂困难，使得相当数量的 M21 狙击步枪并不能以最佳的性能状态投入实战。最为致命而且不可克服

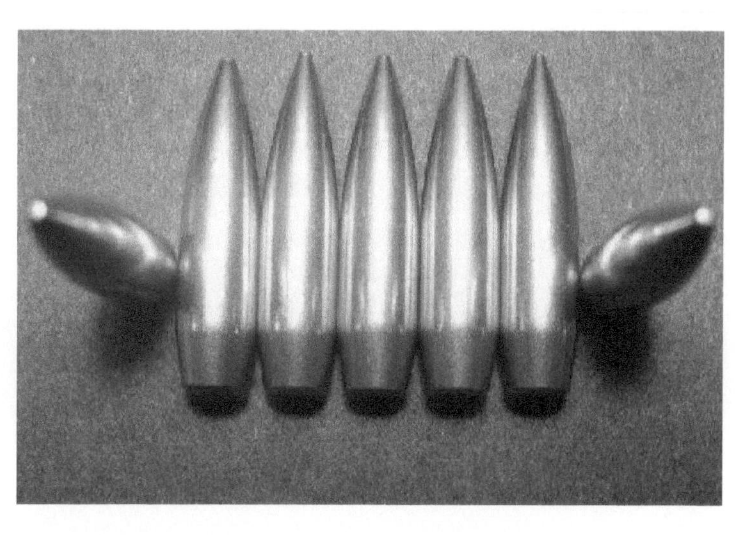

☆ M118 NM狙击弹弹头

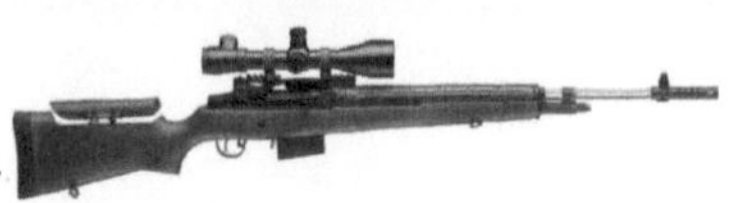

的一点是，ART-Ⅱ瞄准镜与枪械之间采用了半活动连接；每一次射击过程中，瞄准镜的位置和角度都会产生一定幅度的无规律变化。在20世纪60年代，由于瞄准镜（尤其是结构复杂的变倍瞄准镜）自身的光学机械性能有限，这个缺陷尚不明显，但在进入20世纪80年代以后，它对于瞄准精度的损害就变得相当严重了。这实际上就是1988年M21在军事和警务领域被大量淘汰的主要原因……

结语

作为对M14的巧妙再利用，M21狙击步枪在中远距离精确射击领域大放异彩。越战中美军的第一狙击手查克·马威尼总计狙杀319人，他使用M21创下了一个绝无仅有的纪录，在30秒时间内，连开16枪，射杀了16名北越士兵。根据当时的记录，查克·马威尼和观察员在一条河流前设下伏击阵地，以防敌军晚上偷袭后方的美军阵地。查克·马威尼的主武器是一支M40狙击步枪，这是一种栓动单发步枪，用于远距离的精确狙击。副武器是一支M21狙击步枪，加装了星光瞄准镜，可以在夜间瞄准射击。当时他决定使用M21作战，这个决定非常重要。北越士兵当晚果然发起了偷袭，一支敌军的小股部队涉水下河，查克·马威尼等目标距离自己只有几十米时，瞄准第一个敌军脸部开火，枪响后人倒了下去，接着他迅速瞄准下一个目标快速开火，越军被突如其来的袭击打懵，站在河水中呆住了，随着接连不断的枪声，不断有北越士兵倒下。当北越士兵反应过来回击时，查克·马威尼和观察员早已经撤离。这就是一支成功的大威力半自动狙击步枪在实战中所爆发出的惊人杀伤力。虽然1988年开始M21被M24 SWS取代，但M21目前仍在美国国民警卫队及其他特种作战部队（如海豹突击队等）中使用，美军狙击小组担任2号射手的观察员常常使用半自动的M21来辅助及掩护使用M24 SWS或M82的1号射手。这意味着M21的成功直到今天仍在延续……

☆ M21是美国第一种真正意义上获得成功的制式军用狙击步枪

第 3 章

拉大栓的浪漫——美国 M24 狙击步枪

M24 狙击步枪获得了高度成功。它取代了经典的 M21，但在其接班人 M110 出现后，自己却又没能被真正取代，成了一个难以超越的存在。作为美国第一种狙击武器系统，它更被誉为美国现役狙击之魂。以至于在大量的游戏和影视作品中，M24 都是图腾式的标志物，竖立起了永不褪色的形象，隐喻着一种“拉大栓的浪漫”……

栓动的魅力

☆ 早期版本的雷明顿700BDL

作为 M14 步枪的狙击版本，M21 在越南战争中大放异彩。其经典性是无可辩驳的。但美国毕竟是一个枪械文化悠久、独特且多元化的国家，所以也有人对半自动射击的 M21 并不买账。当然，他们的理由非常充分——与栓动步枪相比，半自动步枪理论精度先天不足。M21 这样的半自动步枪，击发一次后，枪机利用火药气体的能量，自动完成退弹装弹，只要再扣扳机就可以再次击发。这当然有利于火力的持续性。无论对普通步枪还是狙击步枪，火力持续性都是重要的，一击不中时可迅速补枪。但凡事有利就有弊。半自动或全自动步枪都是在枪管里有个导气孔，在子弹击发后，弹头未出膛时，火药气体经过导气孔会进入导气管，推动活塞和枪机后退，从而实现抽壳、重新上膛等动作。正是由于火药气体从导气孔中泄露，引起了枪管中的膛压产生变化，影响了弹头的精度。另外，半自动步枪理论精度之所以较差，还在于其结构动作需要导气管、活塞、连杆的推动，子弹离开枪口之前已经开始动作，其冲击力和惯性对全枪的平衡不可避免地要有一点影响……站在精度至上主义者的视角上，半自动射击的 M21 于是便有了“原罪”（SIN）。消除这种“原罪”的唯一方法，只能是重新设计一支栓动的，但仍然使用 M21 高精度比赛级弹药的同口径步枪并取而代之。栓动式枪机在击发后到子弹离开枪口之前没有机械动作，又不需要在枪管上开孔引出燃气等设计，如果设计合理，枪弹在内弹道阶段的运动可以做到使所受干扰减少到极低的水平。可以达到最高精度。况且，栓动式结构简单、可靠、轻巧，对恶劣使用环境不敏感。而半自动结构相对复杂、笨重，在理论上可靠性和对环境的不敏感性也不如栓动式……

雷明顿 700 型枪机结构

精度至上主义者在美军内部渗透既广且深。换句话说，从上到下，栓动式狙击步枪的拥趸在美军中很有群众基础。这促成了 7.62 毫米口径的 M24 狙击步枪，从 1987

☆ 雷明顿700的正式全称是Remington Model 700（简称M700），这并不仅仅是一支枪或者一个系列的统称，广义上的M700是指雷明顿700型枪机结构（Remington Model 700 Action）

年开始被美国陆军大量采购，逐步取代了同口径的 M21 狙击步枪。美国海军陆战队更是早在 1966 年，就用上了与 M24 系出同源的 M40 狙击步枪。不过，一般说起 M24，都将其描述为雷明顿 700 民用栓动式猎枪的军用版本。这种说法实际上很不严谨。雷明顿 700 的正式全称是 Remington Model 700（简称 M700），这并不仅仅是一支枪或者一个系列的统称，广义上的 M700 是指雷明顿 700 型枪机结构（Remington Model 700 Action）。全世界 90% 的旋转后拉式步枪枪机都是毛瑟式枪机的模仿者。雷明顿 700 也不例外。它是在毛瑟式枪机的基础上设计的，不仅是原理，包括设计理念与毛瑟式枪机都有很多共通之处。毛瑟式枪机安全、简单、坚固和可靠，是一种天才的整体式设计。其特征之一是在枪机上有三个凸榫，两个在枪机头部，另一个在枪机尾部。前面的两个凸榫就是闭锁凸榫，有些人把尾部的凸榫误认为是第三个闭锁凸榫，但实际上它只是一个保险凸榫，并不接触机匣上的闭锁台肩。枪机组很容易从机匣中取出，在机匣左侧有一个枪机卡榫，打开后就能旋转并拉出枪机。毛瑟式枪机的另一个著名特征是它的拉壳钩，有一个结实、厚重的爪式拉壳钩在枪弹一离开弹仓时，就立即抓住弹壳底缘，并牢固地控制住枪弹直到抛壳为止。这项技术被称为受约束供弹，是保罗·毛瑟在 1892 年时的重要发明，由于拉壳钩并不随枪机一起旋转，因而避免了出现上双弹的故障。不但毛瑟式枪机的这些主要设计特征被雷明顿 700 全部吸收，另外一些很有代表性的设计细节也被雷明顿 700 借鉴。比如当枪机旋转打开时，击针后移处于待发状态，使枪机能够平滑地拉动。击针尾部从枪机后部凸出，因此其待击状态可通过视觉直接观察到。如果击针尾凸出了约 12 毫米，就表示其处于待击状态；如果只是凸出约 6 毫米，则表示不在待击状态。在夜晚看不到待击状态时，可通过手触摸而感觉出来。当位于机匣左侧的枪栓卡榫打开后，旋转并拉动枪栓就能够很简单地将整个枪机部分从机匣中取出。再比如雷明顿 700 枪机上有一个泄气孔，当发生炸膛时，可以泄出高压气体，从而减小受损程度，保护射手。这个泄气孔还有另一个功能，

就是在开锁前先释放掉一部分火药气体，当打开枪机抛壳时，就不会有灼热的气体扑向射手的面部。由于枪弹击发后，弹壳膨胀而紧贴弹膛，会使射手抽壳困难或容易抽断壳，因此在枪机内有一个小小的枪机回缩器，在枪机旋转打开到最后一个阶段时，在机匣后桥上的凸轮作用下造成预抽壳。这些仍然是典型的毛瑟枪机设计。雷明顿700的保险结构也明显模仿了毛瑟枪。其保险杆有三个操作位置：处于左侧时撞针阻铁被锁住，同时枪栓也被锁上，此时它不能转动或者打开；处于中间时撞针阻铁依然处于锁定状态，但枪栓被解锁能够活动，从而装填或者除去弹药；处于右侧时，步枪就已经处于待发状态了。这样的保险设计很便于右手的大拇指操作，既安全又可靠。

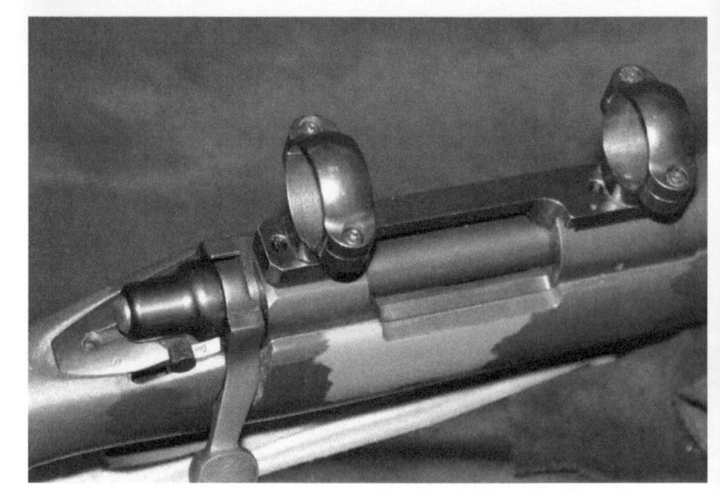

☆ 雷明顿700是在毛瑟式枪机的基础上设计的，不仅是原理，包括设计理念与毛瑟式枪机都有很多共通之处

民用猎枪的华丽变身

始创于1816年的雷明顿，是家历史悠久的枪械厂。从20世纪20年代开始，就致力于利用不断改进的毛瑟枪机来设计各种民用步枪（猎枪）。到了1962年，他们又推出了基于雷明顿700枪机结构的两款民用步枪，即雷明顿700ADL和雷明顿700BDL。前者比较经济便宜，是采用常规密封弹仓的廉价型号，而BDL则是枪托制造工艺更好的型号，同时弹匣底盖下有一个卡榫，可以通过打开弹匣底盖方便地退出余弹而不需要拉动枪栓一发一发退弹。除此之外，雷明顿700ADL和雷明顿700BDL区别不大，均用旋转后拉式枪机、中置弹仓供弹（都有3、4、5发弹仓版本），可装上不同的瞄准镜及多种枪托，部分版本更可装上两脚架及可拆式弹仓。雷明顿700一经推出，便以精确性高、威力大、可靠、耐用而深受好评。事实上，雷明顿700最为出色的设计在于两点。一是枪机妥善的包裹性。装弹后，枪弹底部被枪机的弹底窝套住。复进到位时，枪机再由枪管尾部的枪膛包裹在内，最外层为

机匣。这样的层层包裹，使雷明顿 700 步枪枪机成为最安全的枪机之一（在枪机的右侧，还有一个导气孔，万一火药燃气外泄时能由此排出）。二是浮置式枪管设计。即不对枪管做任何额外固定措施、使枪管完全自由地悬浮在护木上不接触任何额外机构。枪管仅有尾部通过各种机构和机匣连接，但是枪管整体上和护木没有任何接触，这样一来能够尽量减少护木、脚架等部分的受力对枪管产生的影响，这些部分产生的振动很难影响到枪管，一致性非常高。从而最大限度地使理论精度得以保证。有意思的是，雷明顿 700 的出色不仅吸引了民间的枪械爱好者，还受到了一些执法部门的关注。由于采购雷明顿 700 的政府订单过多，雷明顿很快意识到这是一个可以深度挖掘的大市场。所以在 1963 年，雷明顿为了向军用市场及执法部门推广 700 步枪系列，推出了军用雷明顿（Remington Military）及执法部门雷明顿（Remington Law Enforcement）专有产品线，这其中专为军队及警队开发的 700P 轻型战术步枪（Light Tactical Rifle——LTR，基于雷明顿 700BDL）成功吸引到了美国海军陆战队这个重要客户。

与美国陆军相比，由于军种特性的显著区别，美国海军陆战队拥有非常不同的狙击文化。美国海军陆战队是一个高呼“Every Man a Rifleman（每个人都是步枪手）”口号并引以自傲的武装组织，他们保留着独一无二的传统：对所有成员进行 500 码（约 460 米）步枪远射考核。这种远距离射击文化传统使他们更倾向于选择栓动结构的狙击步枪（半自动的另一个问题是射程，由于高压火药气体的能量有一部分用于推动枪机，能用于推动子弹的能量就相应减少，所以射程稍低）。海军陆战队口号中的“Rifleman”和国内“步枪手”这一中性词概念不完全相同，在西方枪械文化背景中它隐含着“射击技能优异”的褒奖性色彩。作为海军陆战队步兵技能的最高体现者，狙击手们更是将这种对于远距离精确射击的执着发展到近乎不可思议的地步。这种心态不但影响着他们的训练和作战风格，同样影响了整个海军陆战队在狙击领域的发展走向——既包括人员编制，也包括武器装备。这种差异在二战后的美国狙击发展中表现得很明显，比如陆军最初选择了半自动狙击步枪，而海军陆战队却仍然抱着传统的栓动狙击步枪不放。他们认为，传统上，狙击手除了要求直接狙杀敌方目标外，更多的是利用自己熟谙潜伏的技能，隐蔽观察敌情，引导己方火力

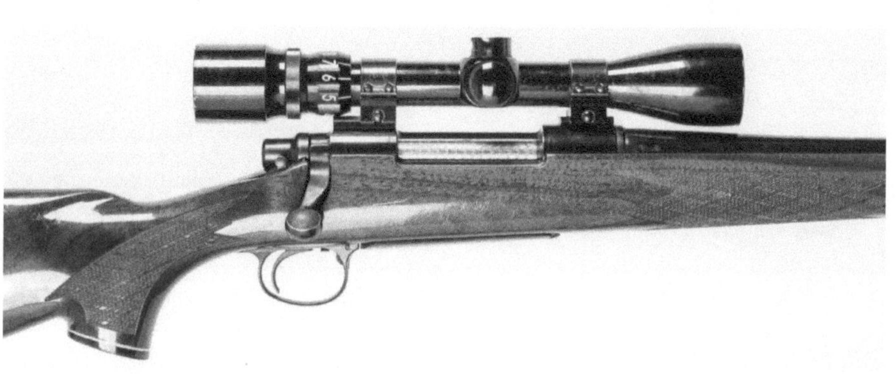

☆ M40的3~9倍变倍瞄准镜

攻击，一般不需要开枪，所以半自动狙击步枪可以迅速补枪的能力谈不上是一个优点。一击必杀的精确性才是王道。在这种理念的影响下，雷明顿 700 作为 M1903A4 的升级换代方案之一，受到美国海军陆战队的关注并不意外。1964 年，美国海军陆战队小批量采购了一批重枪管型的雷明顿 700P。与民用型号相比，美国海军陆战队采购的这批雷明顿 700P 枪管加重、加厚（没有钻导气孔的厚壁重型枪管），由 416R 不锈钢制成，完全自由浮置。为了提高发射 M118 比赛级弹药的弹道稳定性，枪管有 5 条右旋弧形膛线，膛线缠距改为 11.25 英寸/285.75 毫米（标准的 7.62×51 毫米 NATO 步枪弹缠距为 12 英寸/304.8 毫米）。随后，这批雷明顿 700P 完美通过了一系列可靠性和耐用性测试，在一堆参选的民用步枪中脱颖而出，被海军陆战队给予了 M40 的军用名称。量产型的 M40 主体结构和雷明顿 700P 相同，增加了枪背带环并经过军用磷化粗糙处理，采用自由浮置式枪管，机件直接安在无网格防滑的木制枪托上。用整体式弹仓供弹，扳机护圈前边嵌有卡榫，用于分解枪机。枪身上部装有雷菲尔德（Redfield）公司生产的 3~9 倍变倍瞄准镜，取消了原来的机械瞄具，只是预留了机械瞄具接口。

脱胎自民用狩猎步枪的 M40，很快找到了证明自己价值的机会。1965 年 3 月 2 日，“滚雷行动”正式开始。3 月 8 日，3500 名美国海军陆战队士兵在岘港登陆，成为第一批进入战区的美军地面部队。虽然此举标志着美国自此步入了 10 年越战的泥潭，但 M40 作为一件军用武器的价值却通过这场战争得到了高度认可。比如查克·马威尼是在越战中诞生的一位传奇美国狙击手，他使用的是 M39 半自动狙击步枪（M21 的海军版本），但其他战果大多是使用 M40 取得的，堪称狙击奇迹。马威尼称：“第一次见到 M40，我就对它爱不释手。”同时，来自战场的反馈也在不断磨砺着 M40。这其中最大的问题在于早期的 M40 采用木制枪托，准确来说是胡桃木枪托。这种枪托虽然工艺考究、美观大方，但在越南炎热又潮湿的环境下却会膨胀。事实上，木制纤维作为天然材料一致性是非常差的，随温度、湿度变化引起的膨胀差异，必然导致规律无法预测的应力变化，严重破坏了枪管振动的一致性。况且膨胀变形的木制填充了浮置式枪管的枪管槽，直接与枪管发生了接触，这样就破坏了枪管浮置效果。于是美国海军陆战队的狙击手不得不经常清理枪管槽，刮掉膨胀的木制，给枪托灌蜡密封，这种费劲的保养让战士们怨声

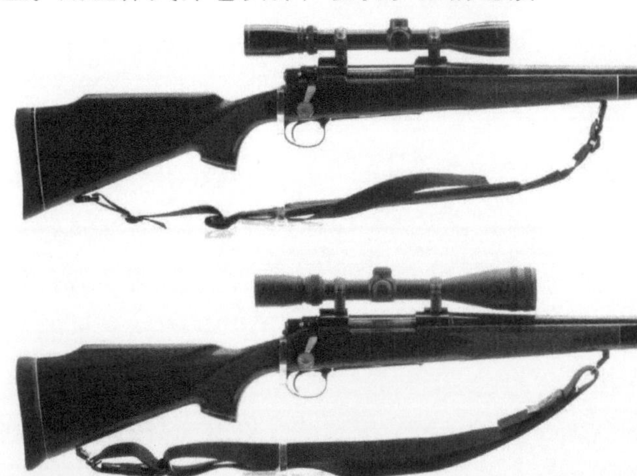

☆ 民用版M700P（上）与美国海军陆战队M40（下）

载道。另外，M40 沿用的雷明顿 700P 铝制民用部件也很容易因为磕碰留下痕迹……越南战场上 M40 出现的各种适应性问题被汇总在一起后，出现的改良版本被称为 M40A1。虽然 M40A1 是在越战已经结束的 1977 年才正式定型，但这是 M40 系列最重要的改进型号，主要是更换了麦克米兰（McMillan）公司的玻璃纤维枪托，将容易留下痕迹的铝制部件也更换成了温彻斯特（Winchester）公司的钢制部件，这样一下就解决了 M40 的许多问题，也成为日后美国陆军发展 M24 狙击步枪的基础。

☆ M40A1于1977年正式定型，这是M40系列最重要的改进型号，主要是更换了麦克米兰（McMillan）公司的玻璃纤维枪托，将容易留下痕迹的铝制部件也更换成了温彻斯特（Winchester）公司的钢制部件

美军第一个狙击手武器系统

☆ 1988年7月，脱胎自雷明顿700P的M24正式定型

时间进入 20 世纪 80 年代初，美国陆军对半自动的 M21 已经有些“乏味”，军内的栓动步枪爱好者们于是获得了更多的话语权。这些人一直坚信，“拉大栓才是男人的浪漫”。他们中有人甚至认为，只要在材料和工艺上舍得投入，随着不断地试验反馈和优化细节设计，绝大多数经典的栓动步枪都可以在保持其基本结构特征的前提下，发展出满足现代狙击步枪精度标准的衍生型号（这种观点是想当然了）。脱胎于毛瑟 G98 血统的雷明顿 M700 系列就是极佳的证明，美国海军陆战队列装多年的 M40 栓动狙击步枪更是提供了现成的范本（在军种交流中，美国陆军有很多机会接触 M40，而且作为个人爱好，美国陆军中的很多军官都自费购买了雷明顿 M700ADL 或是 BDL 民用步枪，他们对于这支步枪的准确度及手感十分认同）。当然，对美国陆军来讲，顾虑也还是有的，那就是雷明顿 700P/ M 40 采用的浮置式枪管设计。美国陆军对栓动式步枪当然并不陌生，但包括使用时间较长的 M1903 在内，美国陆军装备过的所有栓动式步枪都设置了结实的包裹结构护木，并在内部对枪管进行了多点固定。尽管这种看似稳妥的设计，实际上是在早年缺乏设备辅助（比如高精度的

振动分析仪，高速、超高速摄影机等）测量分析和工程经验的情况下，十分保守的一种作法，也是很多早期栓动步枪不管怎样在材料、加工工艺上改进都不能获得满意精度的最关键原因（反过来也是雷明顿700P/M40能够拥有出色精度的重要因素）。同样作为栓动狙击步枪，M1903A4之所以口碑不佳，很大程度上就是因为如此。但受限于认识水平和思想观念，直到20世纪80年代，雷明顿700P/M40过于简单的浮置式枪管，由于看起来显得“不结实”，还是很难被美国陆军中的保守派接受，尤其是当时的中高级军官更是如此。为此，美国陆军内部的雷明顿M700枪迷，花了不少精力才让有决策权的大人物明白，只有高度一致的振动，才能让步枪在每一次射击过程中，枪口的位置一致、枪口运动趋势的方向和速度、加速度大小一致，赋予每一颗出膛枪弹以高度一致的指向，而要做到这一切，最简单、最低成本的方法就是浮置式枪管设计……

在冲破了种种观念上的桎梏后，直到1988年7月，同样脱胎自雷明顿700P的M24才正式定型。不过，尽管设计基础都是雷明顿700P，在定型过程中也的确吸收了大量M40改进的有益经验，但美国陆军的M24并不是M40A1的翻版。从结构上讲，该枪采用雷明顿700枪机，与枪体配合紧密。机匣为圆柱形，机匣上和枪管上装有基座，以便安装备用机械瞄准具（这种备用机械瞄准具由Redfield-Palma国际公司生产，结构仿照射击比赛运动步枪的精确射击瞄具，安装在枪管的前端和后端凹槽处。虽然比普通步枪的机械瞄准具更精确，但是视野狭窄，需要花费更多的时间进行训练）。5发装弹仓装填7.62毫米M118比赛弹，弹容量为5发，要从打开的抛壳窗一发一发往里压弹。弹仓底板是铰折式，可快速打开再装弹，解脱按钮装在扳机护圈的前部。所有金属件表面都呈黑色，不反光，和枪托颜色相匹配。枪托由凯夫拉、石墨和环氧树脂合成，前托粗大，呈海狸尾的形状。枪托上有一个铝制衬板和可调底板，通过旋转薄环调节，托底板伸缩范围为68.6毫米（顺时针旋转厚环，枪托伸长；逆时针旋转厚环，枪托缩短；旋转薄环向厚环靠近，枪托锁定；旋转薄环远离厚环，枪托松开）。圆柱形枪匣和枪托里的铝制衬板上的V形槽结合，铝制衬板可从枪托的一端延伸到另一端，为3个背带环座（前托上2个，后托上1个）、弹仓底板和扳机护圈提供了牢固的支点。枪托上

☆ M40A1完全取消了机械瞄准具基座，枪口是光秃秃的。M24则可以通过可拆卸机械瞄准具基座安装一些小型的枪口装置

还有较窄的小握把和安装瞄准镜的连接座。在机匣和枪口处装有基座，供安装备用机械瞄具使用。重型枪管由 416R 不锈钢制成，膛线是用拉丝机一根根拉出来的（这种工艺不但效率低，成本高，枪管寿命也比不上锻压出来膛线的普通步枪，而且锻压出来的枪管由于锻压这种方式造成的不均匀，在子弹经过枪管时，枪管振动也是不均匀的，引起的形变也会降低子弹精度）。M24 还配有可卸式两角架。与 M40A1 相比，M24 狙击步枪的主要区别有三处。一是 M40A1 完全取消了机械瞄准具基座，枪口是光秃秃的。M24 则可以通过可拆卸机械瞄准具基座安装一些小型的枪口装置，比如消焰器或者制退器。二是 M40A1 主要发射 7.62 × 51 毫米 NATO 弹，所以抛壳口短一些，M24 则为了兼容 .300 温彻斯特马格南弹，抛壳口要长一些，枪机行程也长一些。在这里，要讲一讲这个 .300 温彻斯特马格南弹。.300 温彻斯特马格南（.300 Winchester Magnum，简称 .300 Win Mag 或是 7.62 × 67 毫米步枪弹）是非常受欢迎的马格南步枪子弹。它是温彻斯特连发武器公司在 1963 年发布的温彻斯特马格南子弹系列家族中的一员。其沿用了 1958 年推出的 .338 温彻斯特马格南的基本设计，但将弹壳椎部向前移动了 4.0 毫米，并加长了 3.0 毫米。这导致弹药筒的颈部短于子弹的直径。.300 温彻斯特马格南被认为是一种弹道低深、远距离准确性极高的比赛级弹药。常用于远距离射击比赛、警队以及部分美军单位的狙击手。当搭配低风阻弹头时的最大有效距离通常都在 1200 码（约 1097 米）。使用高精度步枪搭配比赛级弹头于 1000 码（约 914 米）的准确度达到 1MOA 以内不是很困难（MOA 是一个角度单位，在枪械精度上，1MOA 代指的是 1/60 度的圆心角所对应的弦长）……

M24 与 M40 的另一个不同，就是 M24 比 M40 更强调系统性。M24 是一个复杂的武器系统。它的核心当然是 M24 狙击步枪，但这并不是全部。事实上，M24 是系统科学在枪械领域的一次开创性尝试，其意义重大。在科学王国中，系统科学是一位十分年轻的“小公主”。自从美籍奥地利科学家贝塔朗菲 1945 年在《德国哲学周刊》第 3、4 期合刊上发表“关于普通系统论”一文以来，经典系统论才诞生 70 多

☆ M24是作为美军第一个狙击武器系统进行设计的样板工程。美国陆军称之为狙击手武器系统（M24 Sniper's Weapon System，简称M24 SWS），雷明顿则称之为战术武器系统套装(Tactical Weapons System package)。整个系统由狙击步枪、瞄准具、夜视镜、聚光镜、激光测距仪和气压计构成。由于配件太多，不得不装在一个外观高档的密码箱里

年。若从贝塔朗菲于1973年在纽约出版《一般系统论基础发展和应用》一书算起，现代系统论诞生更是只有40年。至于将系统论升华到科学高度的，已经是钱学森老先生在1970年末才开始去做的事情。钱老是从系统工程研究出发，从而提出系统科学概念的。其在1979年10月北京系统工程学术讨论会的讲演中第一次提出并说明论述要建立系统科学的体系，钱老这种高度概括的论调，之所以一经提出就被世界科学界认为是“一场哥白尼式的革命”，是“思维方式上的伟大变革”，这其中的原因在于钱老所提出的系统科学，不但高度概括了系统科学的核心，更指出了在一个复杂系统技术工程中，整体与部分之间的关系。这就使得系统科学与高度复杂的狙击武器之间必然要产生紧密的联系。由钱老所明确提出的“系统科学”实际上是自20世纪以来科学的分化与综合两种趋势相结合的产物。其表现形式就是科学认识对象、工程实践对象的空前复杂化，形成了所谓的复杂巨系统，这里所谓的“复杂”“巨”是指被认识、被实践系统的构成要素数量极大（大系统），层次、结构空前复杂，功能众多，以及其环境关联性空前广泛。高度复杂的狙击武器无疑就是一个最具典型性的复杂巨系统，而钱老所说的系统科学正是以这类复杂巨系统为研究对象的。受20世纪80年代系统科学兴起的影响，M24是作为美军第一个狙击武器系统进行设计的样板工程。美国陆军称之为狙击手武器系统（M24 Sniper's Weapon System，简称M24 SWS），雷明顿则称之为战术武器系统套装(Tactical Weapons System package)。整个系统由狙击步枪、瞄准具、夜视镜、聚光镜、激光测距仪和气压计构成。由于配件太多，不得不装在一个外观高档的密码箱里。M24的皮箱使狙击手看起来即便不是一个商务人士，也是一个背着小提琴的文艺青年。

在构成M24 SWS的各种配件中，第一个重要的是光学瞄准镜。狙击步枪的实际射程和性能，最大的短板就在于瞄准镜的光学机械精度和可靠性。步枪本身的精度，在栓动结构和高精度弹药基础上是非常容易实现的。所以作为一个狙击武器系统，M24配用的光学瞄准镜比M40要讲究得多。不过，这种讲究倒不一定体现为光学瞄准镜结构的进一步复杂，而是基于大量实战经验获得的一种理念上的先进性。

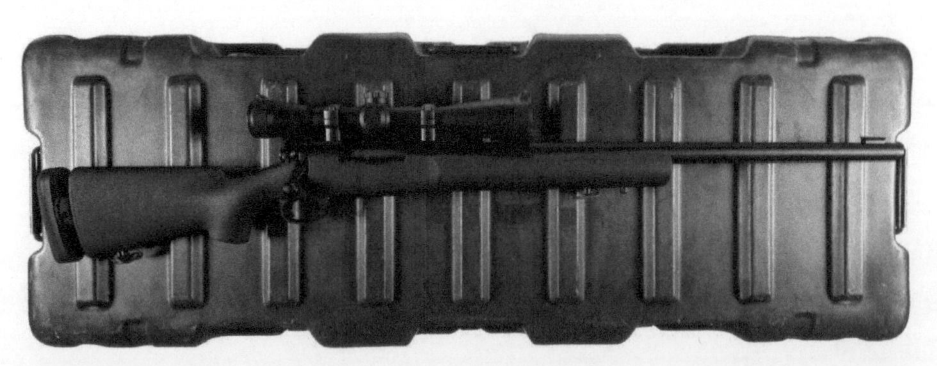

☆ M24的皮箱使狙击手看起来即便不是一个商务人士，也是一个背着小提琴的文艺青年

美国军队在越南打了十年，陆军的 M21 和海军陆战队的 M40 用的都是 3~9 倍变倍瞄准镜。但战场实践却告诉美国陆军，恶劣工况的残酷性决定了瞄准镜注定是一种耗材，过度的复杂性是不可取的。构成光学瞄准镜的镜片及其支撑结构、分划标志、高低和风偏调节机构，在每次射击过程中都要在瞬间承受超过自身重量和正常情况下承受载荷 350 倍以上的冲击应力。这意味着对于与枪械通过刚性连接固定的光学瞄准镜来说，射击过程中产生的冲击引起的零位走动、光学结构的失调，乃至于机械结构破坏这类现象都是不能完全避免的。在不断的射击过程带来的反复冲击下，瞄准镜的镜片支撑结构和调节机构会不可避免地发生变形，各零部件之间的间隙也越来越大。在变形的累积超过了一定程度以后，瞄准镜的光轴会产生严重的不稳定偏离，并且随着冲击带来的振动而随机改变。此时虽然还能看（也就是保留了观察、测距的能力），但事实上已经根本瞄不准了。要解决这些问题，无不牵涉到基础工业能力的方方面面：各类金属、光学玻璃的材料和工艺，加工和装配手段等。第二次世界大战结束后，狙击步枪光学瞄准镜的光学、精度性能的每一次提升和功能增加，无不以镜片的尺寸和数量增加、调节机构的复杂化和精密化为基础。例如要实现变倍功能，就必须在定倍瞄准镜的基础上增加变倍透镜与控制它沿光轴前后移动的机械结构。这必然对光学工业和精密机械加工带来越来越高的要求，却与军用装备对可靠、耐用和低成本的要求背道而驰。所以在 20 世纪 80 年代，美国陆军决定在 M24 的研发中开一次“历史倒车”，用刘玻尔德 (Leupold)M3A 式固定 10 倍瞄准镜，替换掉过度复杂的 3~9 倍变倍瞄准镜——其突出优点在于结构比较简单，一旦归零，归零点不容易跑位。到了 1998 年，美国陆军又用成本更低的刘玻尔德 (Leupold)Mark 4 LR/T M3 型 10×40 毫米固定倍率瞄准镜，取代了刘玻尔德 (Leupold) M3A……

当然，采用固定 10 倍瞄准镜，在战场适应性上要逊色于 3~9 倍变倍瞄准镜，这是必然要付出的代价。但刘玻尔德 (Leupold)M3A 式固定 10 倍瞄准镜，仅仅是整个 M24 狙击手武器系统（M24 Sniper's Weapon System）诸多配件中的一个。而作为一个系统，M24 SWS 将白光瞄准、红外夜视、测距、弹道解算等功能高

☆ M24是一个复杂的武器系统（Weapon System）。它的核心当然是M24狙击步枪，但这并不是全部

效地整合在了一起，这使得其战场效能远远超出了此前任何一支单打独斗的狙击步枪（包括同源的M40）。这就是系统科学的魅力。如果了解M24在潮湿空气中的特性，就不会惊讶电影《通缉令》中扮演杀手的安吉丽娜·朱莉的子弹会拐弯，空气的温度会改变M24子弹的方向，干热的空气则会使子弹打高。这就是M24 SWS的“杀手箱子”里为什么要有个气压计的原因，也是用系统科学的方法以系统与要素的关系来取代整体与部分关系的典型应用……自1987年列装定型后，M24 SWS成功实现了对M21进行更新换代的目标（准确地说，是将M21成功降级成了精确射手步枪），凭借着高度的有用性，在海湾战争、第二次伊拉克战争中声名鹊起。同时，M24自身也在经历着不断的纠错。比如早期的M24枪托内部采用了发泡塑料，这种材料具有吸湿性，携带武器渡河或者被雨水淋湿，枪托就会增重，破坏原有的平衡性，所以美军士兵在渡河时，需要经常将步枪高举过头顶。另外，M24用于调节枪托底板的薄环锁紧装置也是一个不讨喜的设计，甚至臭名昭著。因为在锁紧的过程中，它的旋转会引起枪托底板前后滑动，射手不得不重新做出调整……在后继批次的M24生产中，通过诸如引入新型枪托材料、采用可调高度托腮板等办法，这些问题被一一解决，这令M24趋于完美。但在第二次伊拉克战争结束后，美国陆军部分高层又被半自动的中口径狙击步枪重新吸引，将精度过高的M24视为一种不着调的“警察武器”。他们的理由是除了用于暗杀或者狙杀对方狙击手，战场上的狙击目标多为机枪手、坦克顶上探出身体的坦克手、反坦克导弹或肩射防空导弹操作手、迫击炮手、侦察观通设备操作手、军官、工兵、关键装备的抢修人员等，这些目标经常是活动的，或者只有短暂的停顿时间，狙击手识别、捕获、狙杀目标只有很短的时间，来不及精细地瞄准。因而战场狙击和“警察狙击”有一个很大的不同，第一发不中，是可以补射的，而没有因为一击不中而使整个任务失败的问题。战场狙击另外一个和警察狙击不同的是，战场狙击常常需要狙杀成群的敌人战斗人员，需要重新瞄准迅速射击，因此半自动狙击步枪的迅速补射能力就十分有用。战场狙击也不过于强调在超远距离上精确射击。在激烈的战斗中，更远距离上的狙击未必见得很重要，有需要的话，也可以动用大口径狙击步枪，不必勉强用中口径狙击步枪执行超远距离的狙击任务。战场狙击要求长时间随同步兵分队在野战条件下行动，战场环境很难照顾到像精密仪器一般娇贵的高精度狙击步枪，所以从制式步枪发展过来或者按照皮实要求设计的半自动狙击步枪实际上比栓动式狙击步枪更合适。不过遗憾的是，随后美国陆军试图用基于AR-10枪机结构的M110 7.62毫米口径半自动步枪来取代M24的计划完全没能推进下去，这一决定受到了美军一线官兵的强烈反对。毕竟一件武器是否好用，纸面说辞往往苍白无力，况且“拉大栓的浪漫”也不是所有人都懂的。

☆ 一件武器是否好用，纸面想当然的说辞往往苍白无力，况且“拉大栓的浪漫”也不是所有人都懂的

结语

☆ 作为美国第一种狙击武器系统，M24被誉为美国现役狙击之魂

古代铸剑不易，所以有了很多传说。进入火器时代，很多情况实际上也依然没有改变。狙击步枪就是如此。在步兵武器中，狙击步枪是一类极为特殊的存在。这种特殊并不仅仅是指它的使用原则和精密性非同寻常，更是指其极低的成材率。直白地说，尽管它们大多是呕心沥血之作，但执着的热情、前沿的技术和充沛的资源却未必能够造就一支杰出的武器。也正因为如此，作为少之又少的上乘之作，美国 M24 狙击步枪是一个非常值得剖析的对象。

第 4 章

帝国底蕴——英国李 - 恩菲尔德 SMLE 狙击步枪

从历史上来讲，英国没有重视陆军的传统。但在近现代史上，英国陆军却也不算太过拉胯。究其原因，家底丰厚的大英帝国，在技术装备上还是舍得为陆军下些本钱的。比如一战中英国政府能够为其陆军发明坦克就很能说明问题。同样，英国陆军手中的狙击步枪也有一些上好的家伙，加装瞄准镜的李 - 恩菲尔德 SMLE 便是最具代表性的一支……

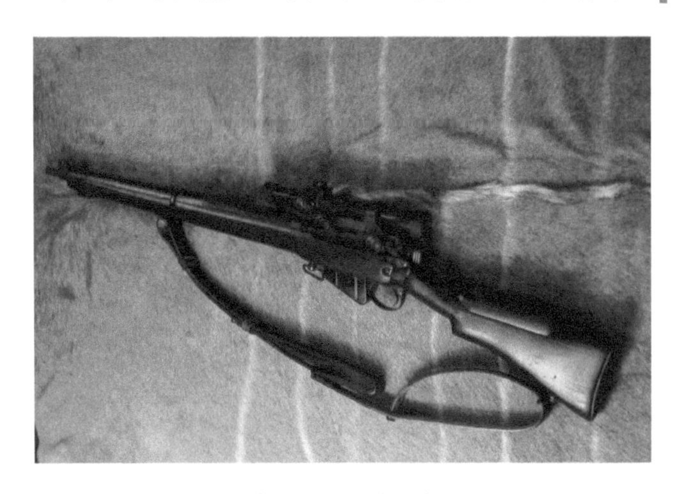

☆ 一支保存状态相当良好的李-恩菲尔德SMLE No.4 MKI（T）狙击步枪

☆ 迈克·怀特·李发明的旋转后拉式枪机赋予了李-恩菲尔德SMLE步枪最与众不同的特点

作为介于长步枪与卡宾枪之间的一个存在，由英国恩菲尔德兵工厂生产的李 - 恩菲尔德缩短型弹仓步枪（SMLE，Short Magazine Lee-Enfield），是人类历史上最伟大的军用栓动步枪之一。全枪长 1130 毫米，重 8.8 磅。发射 0.303 英寸（7.7 毫米）R 型步枪弹。其最大特点是采用了迈克·怀特·李发明的旋转后拉式枪机和盒形可卸式弹匣。与毛瑟枪机的机头、机体采用一体式设计的枪机机构不同，李 - 恩菲尔德 SMLE 步枪的机头、机体采用了分体式设计，机头插在机体前端，机头上只设有一个闭锁凸榫，闭锁凸榫卡入机匣内的凹槽中而实现闭锁。为保证在枪机前后拉动过程中机头不随意转动，机匣内部右侧设计了一个平直的槽，枪机前后移动时，

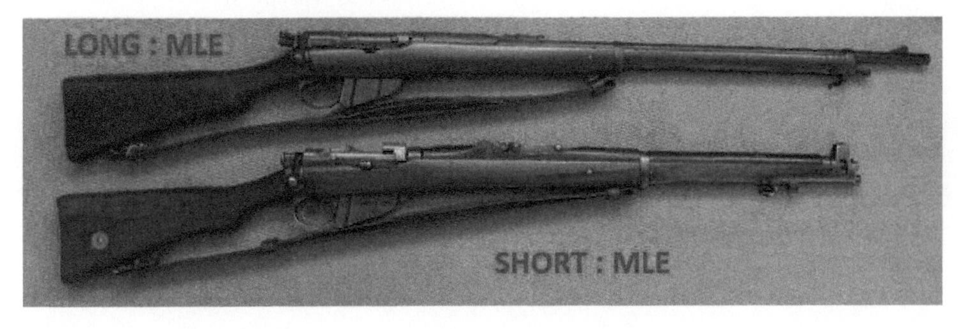

☆ 李-恩菲尔德MLE长步枪（上）与李-恩菲尔德SMLE短步枪（下）

闭锁凸榫便在这个直槽中前后滑动。分解枪机机构时，只需将枪机向后拉到位，然后用手将闭锁凸榫扳到最上方位置，即可将枪机从机匣中抽出。由于后端闭锁的旋转后拉式枪机，枪机行程短、动作顺畅，装填子弹速度非常快。在训练有素的士兵手中，一分钟甚至可以击发 30 次，不输半自动步枪。相比之下，同时期的毛瑟步枪（包括 G98 和 98K）每分钟射速只有 10 发，以至于超高射速的几支李 - 恩菲尔德 SMLE 在齐射中，甚至能起到机枪的效果。还需要看到的是，以毛瑟步枪为代表的前端闭锁机构距离枪膛近，弹药击发后，闭锁卡榫受热膨胀严重，导致开锁困难。比如莫辛・纳甘枪机就有开锁困难方面的问题。相比之下，后端闭锁，闭锁机构距离枪膛远，相对来说受热程度小，开锁就比较顺滑。所以李 - 恩菲尔德 SMLE 的优点并不仅仅限于射速，其精度、射程和可靠性同样过得去，至少在同时代的栓动步枪中，与莫辛・纳甘、春田 1903、毛瑟 G98/98K 等没有明显差距。唯一的缺点是加工工艺较为复杂，造价略贵。不过即便如此，李 - 恩菲尔德 SMLE 仍然作为英国步兵在两次世界大战中的基本武器，服役了数十年时间。总产量高达 7100 万支，是仅次于 AK 系列的世界第二高产步枪，并在这一漫长的生产、服役过程中，形成了一个庞大的家族，不乏精选后加装瞄准镜作为狙击步枪使用的型号……

☆ 李-恩菲尔德SMLE后端闭锁的旋转后拉式枪机，枪机行程短、动作顺畅，装填子弹速度非常快

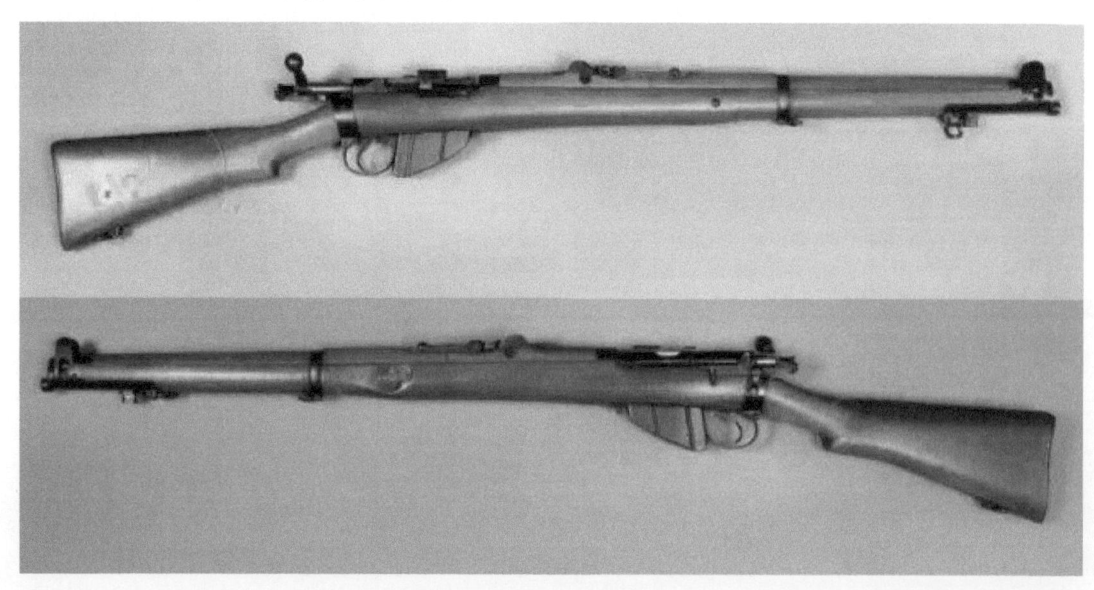

☆ 早期型李-恩菲尔德SMLE MK.I 7.7毫米步枪

一战中的李 - 恩菲尔德狙击步枪

☆ 中期型李-恩菲尔德SMLE MK.IIII 7.7毫米步枪

☆ 李-恩菲尔德SMLE本身的射速一流，射程、精度也值得称道

英军将李 - 恩菲尔德 SMLE 作为狙击步枪使用，始于第一次世界大战。然而，这却是一个十分苦涩的故事。早在拿破仑战争之前，英国陆军就强调精确射击的重要性。事实上，近现代意义上的狙击作战得以确立，很大程度上就缘于从 16 世纪到 20 世纪初，英国陆军在北美洲、欧洲、非洲、亚洲等地不断的战场实践。不过在第一次世界大战前，由于种种复杂的原因，像当时其他欧洲国家一样，英军已经将狙击作战的必要性抛之于脑后。然而进入一战之后，人类的战争格局却完成了它的华丽变身，堑壕战彻底代替了线列步兵战术。无论是东线还是西线，所有的交战国都用了整整一代年轻人的生命去体验改革的阵痛。首先付出代价的就是英国人，当时的英军虽然已经抛弃了醒目的红衫，可作战训练的许多方面依然裹足不前。他们将红衫军时代令英国人感到自傲的最快步兵齐射速度牢牢地抓在了自己的手里(每分钟15次瞄准射击)，可对于单个士兵射击精度的训练却并没有得到充分的重视。对此，有一个很能说明问题的例子。作为李 - 恩菲尔德 SMLE 短步枪的前身，人们经常能在李 - 恩菲尔德 MLE 长步枪前托左侧的中部发现一个带刻度的转盘装置，并在机匣左后部有一个长杆形的折叠觇孔照门，这是李氏步枪的齐射瞄准具（Volley sight，也称为排放瞄准具），其作用是向 2000 码至 3900 码（约 1800 ~ 3550 米）的射程内提供曲射的间接火力。使用时根据需要把刻度盘上的转臂设定在指定的射程刻度上，并把后面的折叠照门

竖起，通过觇孔与转臂头上的一个小粒形准星构成一线来瞄准参照物，然后就在指挥人员的命令下进行射击。这样的瞄准方式实际上难以命中任何单兵目标，但是当一支大型部队用这种方式向远处的另一队集群目标（如密集的步兵或骑兵队形）打排枪时，就能达到一定的效果。据说在布尔战争中有这样一个实例，一队英军士兵在接近一个布尔人的兵营时，在军官的指挥下对这个未进入视线范围内的兵营方位打了几轮齐射，然而他们冲到兵营时，发现这个兵营已经被射得千疮百孔。但这种间接齐射的方法实际杀伤效果并不是太好，更多的是起到压制和扰乱的作用。有意思的是，从 1903 年开始到 1914 年一战爆发前，英军开始用李 - 恩菲尔德 SMLE 取代李 - 恩菲尔德 MLE，但人们仍然在李 - 恩菲尔德SMLE上发现了同样的齐射瞄准具。这意味着英国陆军的作战思想仍然停留在布尔战争的时代。

如果一战的战场依然是线列步兵战术的天下，那么英军的这种训练成果必将为其赢得极大的战场优势。不过话说回来，如果线列步兵战术在一战继续上演，那么英法联军恐怕在 6 个月内就能取得西线的胜利了。实际的结果就是，在一战的头一年里，更加注重士兵个人射击精度训练的德军在堑壕战间的无人之地上收割了最多的胜利果实。在向大海进军的赛跑结束后，即便是在那些没有大型攻防作战出现的地区，英军每个营每天还是可能会有十多人死在德军狙击手的瞄准镜下。在 1915 年的欧贝里奇战役中，一名德军狙击手甚至在敌人阵地后的矮墙上用弹孔画了一个十字架，整个过程没有遭到任何有效的反击。德国人之所以能够在战争开始就拥有这么多的优秀狙击手有其历史原因。由于德国有很多森林，打猎在民间也就成为一项颇为流行的活动，优秀的射手在德国也比在英国更有机会获得社会声望和其他实际的好处。对于许多来自乡间的德国小伙来说，他们的整个童年都是在和兄弟朋友们一起攥着猎枪渡过的，军队的射击训练无非也就是给了他们一个表现自己才华的舞台，出来就是射击教官的料。正所谓只有从娃娃抓起才容易出成绩，而德国的社会环境恰恰给德军提供了一大批从少年时期就开始经受射击训练的年轻人。在穿上军服之前，他们就已经是神射手了，德国军队所要做的不过是将他们从猎人变成战士。比如拉蒂博尔公爵（The duke of Ratibor）在 1914 年战争一开始，就

☆ 在一战西线堑壕战中大显身手的德军狙击手

给他带领的巴伐利亚军队分发了大量带有光学瞄准镜的狩猎步枪，用于狙击作战。这些品质上佳的狩猎步枪是这位公爵自己的私藏。事实上，在战争开始之后，德军不但轻松在民间收购到了数千支打猎竞赛用的、可能比当时许多专业狙击步枪更加优秀的猎枪。也很快生产出了 15000 支配有精密瞄准镜的毛瑟 G98 步枪，这使得德军在很长一段时间内都保持了堑壕狙击战的绝对优势。堑壕本身为狙击手提供了相当多的隐蔽点进行伏击和观察，其次在两军堑壕之间的无人区经常是缺少隐蔽物的平地，走出掩体后的士兵几乎毫无遮掩可言，这也是一战狙击手经常承担控制无人区任务的重要原因。一名来自英军第七师的炮兵军官曾经提及在战场上，只要稍微从战壕露出一点身体，立马就会有德军狙击手射中对应的部位。在法国奥贝尔斯（Aubers）甚至有一名德军狙击手杀敌上瘾，直接潜入到英军战壕后方杀敌，毫不害怕会失手战死。为了进一步培养精英狙击手，德国军事部门对狙击战的经验加以总结，比如他们曾经总结道：子弹从正面射中头部可能造成的创伤极小，而从侧翼射中则会破伤更大，甚至贯穿头部。在射击距离上，尽管一般的狙击手可以在 300~500 米距离消灭敌人，但德国军方根据毛瑟 G98 的特性，建议士兵在 300 米距离开火可以做到极为精准。对于那些猎人出身或者极具天赋的士兵，德军将他们集中起来加以培训和指挥，从 1916 年开始德军在每个营编制下都设立了 24 人组成的狙击小队，指派他们迅速赶到各个狙击点与敌人对战。

战场上到处散布的德军狙击手成为英军的噩梦。比如美国随军记者赫伯特·麦克布莱德就曾经写道："……德军狙击手的射击在极近的距离会听到空气爆裂般的巨响，但通常在十分远的距离中则难以察觉，甚至有一名加拿大工兵认为自己被铁丝网刮破了腿，可从他的腿伤处医生却能取出来自狙击手的弹片……"不过，欧洲大陆的连年战争让各国人民养成了一个优良传统，那就是邻居家要是真的有了什么好玩意儿，他们绝不会谩骂嘲讽，而是立刻奋起直追，马上学习效仿。堑壕狙击战的惨败给了英国人惨痛的教训，他们也开始成立培训学校，组建自己的狙击手部队。英国军队并不缺少优秀的射手。虽然在英国本土，打猎已经成为一项十分奢侈的运动，但从南部非洲、北美到澳大利亚，广袤的殖民地仍然为英军提供了大量的人才储备。在这些地方，打猎依然是为自家厨房提供动物蛋白的重要手段。但如何为这些素质不错的猎手配备一支好枪却令英军感到头疼。正如前文所述，李 - 恩菲尔德 SMLE 本身的射速一流，射程、精度也值得称道。在一些天赋异禀的士兵手中，一支普通的李 - 恩菲尔德 SMLE 就足以成为致命的战场杀器。比如加里波利战役中传奇式的澳大利亚华裔狙击手沈比利（BillySing），用的就是一支没有加装光学瞄准具的普通李 - 恩菲尔德 SMLE MK.III。沈比利（BillySing），1886 年 3 月生于澳大利亚昆士兰州中部的一个采矿小镇克勒蒙特，是一战中射杀目标最多的狙击手，1914 年圣诞节前，28 岁的沈比利加入了澳大利亚远征军，隶属第五轻装骑兵团。参军前沈比利只在家乡赶过大车、

干过农活，但很早就以枪法出众而闻名。据说他小时候就能用小口径边缘发火民用步枪在23米外打断小猪的尾巴。他不但是当地射击俱乐部的会员，还是一个有名的袋鼠猎手。让沈比利一战成名的大背景是一战中的加里波利战役，该战役发生在土耳其加里波利半岛，始于一个由时任英国海军大臣丘吉尔提出的英国与法国联合的海军行动，目的是强行闯入达达尼尔海峡，打通博斯普鲁斯海峡，然后占领奥斯曼帝国首都。在此次登陆战中，协约国方面先后有约55万士兵远渡重洋来到加里波利半岛。尽管在近9个月的残酷战斗后，奥斯曼帝国最终获胜，协约国方面伤亡25.2万人，奥斯曼帝国方面阵亡25万人，但此战却令沈比利一战成名。沈比利随澳新军团抵达加里波利半岛后，被派驻波尔顿岭，狙击点设在山岭上一个叫作切森高地的地方，对手是土耳其人。在这里他展示了惊人的狙击天赋。据战友们回忆，“小个子，上唇留八字须，下巴一撮山羊胡”的沈比利耐性特别好，可以长时间端枪瞄准而不感到疲倦。还有一个特长就是视力极佳，别人用望远镜才能看清的东西他用肉眼就可看清。1915年5～9月，仅在不到4个月的时间里，他经观察手证实的狙杀战果为150人，加上他独自行动时未列入统计战果，总司令伯得伍德将军在1915年10月对沈比利通报嘉奖时，将他的狙击战果认定为201人。令人惊讶的是，他用的只是一支普通的制式李-恩菲尔德SMLE MK.III步枪，不装瞄准镜的那种……

☆ 加里波利战役中传奇式的澳大利亚华裔狙击手沈比利（BillySing），用的就是一支没有加装光学瞄准具的普通李-恩菲尔德SMLE MK.III

尽管沈比利这样的传奇性故事并不是孤例。比如号称“世界狙击之王”的芬兰狙击手西蒙·海耶，在二战中的战果绝大部分都是用普通步枪自带的机械瞄具取得的。再比如电影《兵临城下》中的主角，其真实的历史原型扎伊采夫，也是在用裸眼瞄准狙杀了 20 名德军后，上级才发给他一支带瞄准镜的莫辛·纳甘。至于朝鲜战争中著名的志愿军神枪手张桃芳、邹习祥等使用的仍然是不带瞄准镜的普通步枪。但依靠极少数出类拔萃的战士，并不能改变战场局面。所以对于一

☆ 一战之初英国军队对狙击作战准备不足，为李-恩菲尔德SMLE步枪装备光学瞄准镜也多是前线官兵的自发行为，采购的瞄准镜五花八门

☆ 一战中的英军狙击手和他们的德国同行相比，在装备上是欠佳的

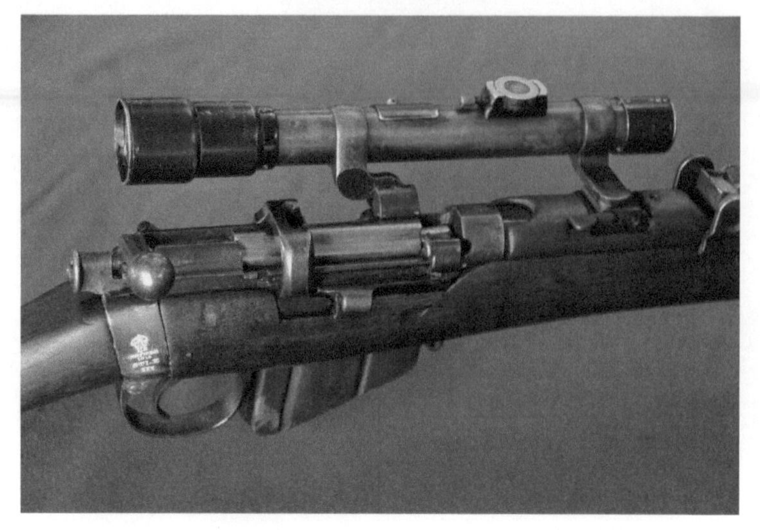

☆ 一战中安装法制APX 1896瞄准镜的李-恩菲尔德SMLE MK.III

战中的英军来说，要在同德国人的堑壕狙击战中变被动为主动，一个很关键性的问题就在于提高李-恩菲尔德SMLE步枪的专业性，也就是说要解决瞄准镜的问题，然而这并不容易。一战之前，英军受布尔战争经验的影响，认为作为精密光学器材的瞄准镜在反复射击后，极易产生结构变形，并且在残酷战场环境中的爆炸、冲撞、磕碰等情况下更是极易损坏，所以并不重视步枪光学瞄准镜的采购。其结果是英国相关的工业能力并没能得到良好发展，至少不像德国蔡司、福格特兰德、杰拉德、布施等制造商那样，一经战争需要，就能马上为德军提供大量质量上乘的光学瞄准镜，用于装备毛瑟G98。事实上，最初英国军队为李-恩菲尔德SMLE步枪装备光学瞄准镜多是前线官兵的自发行为，采购的瞄准镜五花八门。大多是各种手工制造的狩猎步枪瞄准镜，甚至还有从地下渠道搞来的德国货。皇家步枪团的克拉姆（Crum）少校就是其中之一，他曾回忆自己来到前线时，发现战壕上方的沙袋都被德国人步枪的子弹打得遍布弹痕，而身边一名军官刚拿起军用望远镜观测时，便立马被爆头。他还

☆ 朝鲜战争中著名的志愿军神枪手张桃芳、邹习祥等使用的都是不带瞄准镜的普通步枪

提及当时的英国人也开始在战壕中插入防护板加固，抵挡德国人飞来的子弹，但是依然陷入被动不说，很多防护板也被子弹打得破烂不堪。为此，克拉姆和其他英国军官自发带领士兵训练狙击射击，甚至开办非正式性质的狙击学校，但用的枪支大部分仍是普通的李 - 恩菲尔德 SMLE 步枪，只有少数军官自掏腰包加装的狩猎镜，或是从战场上缴获的德国枪上拆下的瞄准镜。然而，由于没有专业指导和设备，英国狙击手依然不能抗衡德国人。在这种情况下，英国官方不得不放下偏见，亲自下场。但由于英国光学工业并不能像德国那样，为英军提供高质量的制式步枪瞄准镜，所以官方为英军狙击手们采购到的光学瞄准镜仍然是五花八门的，实际上是能买到什么就用什么，甚至还有法国货。比如在 1915 年，在巴黎附近布洛涅森林的 APX 工厂以德国的狩猎用望远镜为基础，研发出了一款放大倍率为 2 倍的望远镜瞄准镜。这款瞄准镜被称作 APX 1896，可以安装到任何步枪上，英国军方就采购了 5 万支，装配在精心挑选的李 - 恩菲尔德 SMLE 步枪上，配发给前线部队狙击手……

整体而言，一战中作为狙击步枪使用的李 - 恩菲尔德 SMLE，最大的问题在于瞄准镜。其在狙击作战中的效能，也因此变得很不稳定。或者说要给出一个中肯的评价并不容易。但英国官方解决这个问题的驱动力却始终不足，究其原因，在越来越残酷的堑壕战中，狙击步枪装备光学瞄准镜的价值始终是被英国官方所怀疑的。比如在 1916 年的索姆河血战中，屠杀的密度达到了惊人的每平方米 100 人（部分区域）。同盟国与协约国都使用了狙击手，这些战场上的幽灵也从所有能射击的地方展开了攻击。不过，由于战况激烈，双方投入了大量炮兵，所以固定掩体并非狙击手藏身的好地方。狙击手会占领弹坑，然后等待敌军进攻，而且目标通常会很近。双方的狙击手都采取了防御战术：“我们的狙击手占领了后方的弹坑。在德军进攻时，他们射杀了领头的军官，然后步兵和机枪就负责打扫剩下的人。这些攻击通常在几分钟内就会结束，然后前线就会留下数百具尸体，真是个糟糕透了的战争。”近距离战斗让望远镜瞄准镜失去了用武之地，这意味着大部分狙击手都使用机械瞄具：“爆炸的灰尘，烟雾以及毒气意味着我们要戴着防毒面具，这样我们就无法使用光学瞄准镜。除

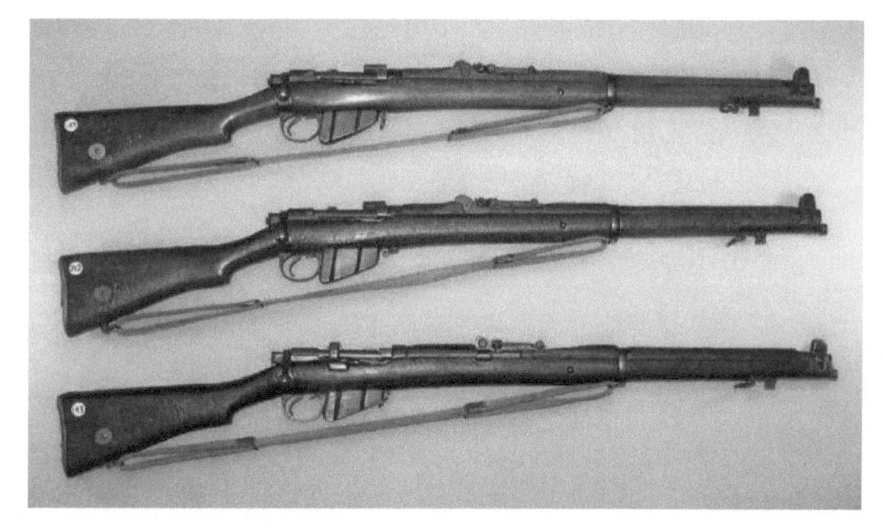

☆ 从上到下：李-恩菲尔德SMLE MK.I/MK.III/ MK.III*

此之外，德军的冲锋速度极快，在使用瞄准镜时很难射中他们。在前线我们通常只能看到几码远的位置，因此对狙击而言，步枪上的瞄具更实用。”在这种情况下，使用“狙击”这个词可能并不恰当，因为许多眼尖，且反应迅速的步兵也能命中目标。也正因为如此，直到战争结束，英军那些作为狙击步枪使用的李-恩菲尔德SMLE，它们的瞄准镜始终都是凑合用的状态。当然，比较根本的变化还是有的。从1915年11月之后，大部分作为狙击步枪使用的李-恩菲尔德SMLE步枪，都精选自所谓的Mk.III*型。这种型号是原有Mk.III的简化版本，简化的项目主要包括取消齐射瞄准具、弹匣隔断器和照门上的风偏调整螺帽，这些简化并不会影响步枪的实际性能（精度能够达到在47米距离上的散布圆直径小于51毫米），但在某种程度上却意味着，英军抛弃了战前的那些陈腐观念，包括普遍的狙击作战在内的一些战争变化还是被郑重其事地接受了。

二战中的李-恩菲尔德狙击步枪

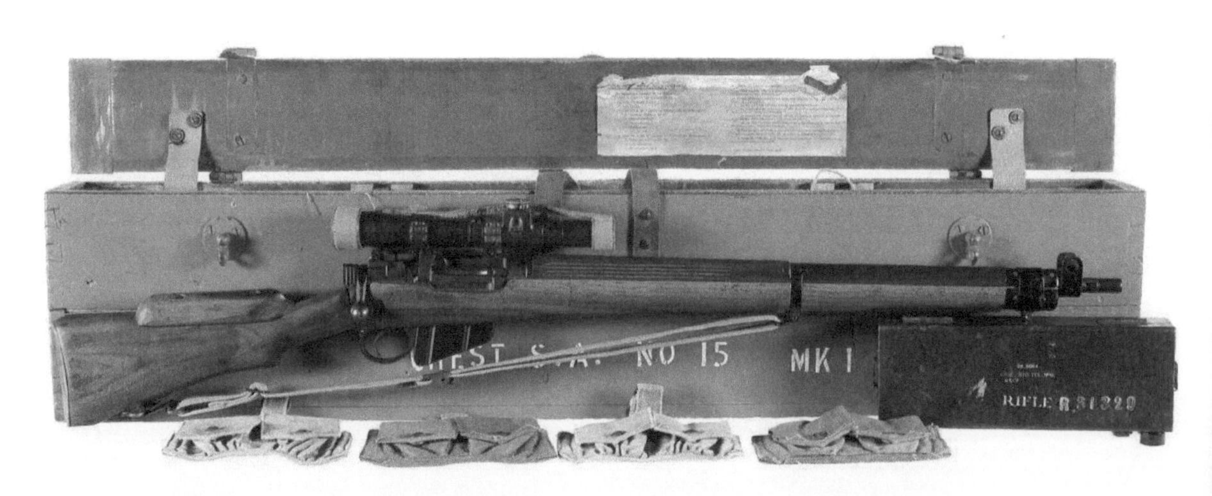

☆ 在第二次世界大战中，英军的李-恩菲尔德SMLE作为狙击步枪继续被委以重任，打满了全场

尽管瞄准镜不尽如人意，但由于第一次世界大战众所周知的结局，英军的李-恩菲尔德SMLE狙击步枪仍是一种胜利武器。有意思的是，在第二次世界大战中，英军的李-恩菲尔德SMLE作为狙击步枪继续被委以重任，打满了全场。至于这其中则颇有一番故事。一战结束后，严重的财政压力加上厌倦战争的普遍心理状态，促使英国以快得危险的速度复员了庞大的军队。1918年11月时，有350多万人戎装在身（还不包括由英印政府支付报酬的），而两年之后他们已被减少到了37万人。此后，尽管在一系列战后条约中为帝国和欧洲承担了繁重的义务，但直到1932年为止，英国的年度国防预算和编制不断被削减。军事开支和人员数量遭到急剧砍削，大多数军工企业被关闭或转为民用生产，高于师级的建制被取消，一战的主要经验教训没有得到任何系统地总结和记录。独立的陆军部委员会曾拟定报告，

建议至少保留可以在未来国家紧急状态中组建 41 个陆军师的建制，然而该报告胎死腹中。虽然直到 1930 年为止，实施占领的部队一直驻留在欧洲的一些不同地区，但是英国陆军变得充分伸展于海外，行使其维持帝国治安的传统职能。事实上，这一职能的优先地位由《十年准则》的规定得到了法律上的确认。《十年准则》是内阁的一项指令，起初在 1919 年为下一个财政年度发给各军种部门，但是后来被当作滚动式的（从而这十年的最后期限永远不会靠近），一直保持到 1932 年为止。该指令说："为做出最新评估，特设定大英帝国在未来十年不会从事任何大规模战争，无须为此目的组建任何远征军。"

这么一项宽泛的指令看似颇有道理，它实际上体现了 1920 年的财政和战略现实。在《十年准则》战略原则的主导下，英国财政部大大削减了国防预算，从 1919 年三军的 6 亿零 4 百万英镑削减到 1922 年的 1 亿 1 千 1 百万英镑；1920 年到 1922 年英国用于防卫的支出减少了 82%，1922 年 2 月 10 日的格迪斯报告又建议三军各部应削减经费 4600 万英镑。1924 年丘吉尔就任财政大臣，为了节约政府的经费开支，又提出了削减军备支出的计划，即使在经济恢复良好的战后繁荣时期，英国的国防预算也没有增加，全部国防预算，1923 年时只有 10500 万英镑，1929 年也没有超过 11000 万英镑。这对于英国陆军的影响尤为严重。

就历史传统而言，陆军在英国一直处于无足轻重的地位，大英帝国的建立依靠的是强大的皇家海军，陆军的责任主要是用来维持帝国境内的治安。只要英国的对外政策不打算在与欧洲国家的关系中扮演积极角色，那么就不存在政治上的压力要求陆军准备一场欧洲的战争。20 世纪 20 年代的英国陆军恢复到数百年前满足基本防御的水平。20 世纪初，英、法、俄三国协定签订，英国开始承担对欧洲大陆的军事义务。在第一次世界大战中，为了履行三国协约中的"大陆义务"，英国陆军组建了一支规模庞大的远征军赴欧洲大陆参战。到战争结束时，英国远征军在西线战场拥有 61 个步兵师以及 3 个骑兵师，总兵力近 180 万人，而在其他战场还用于总共 19 个

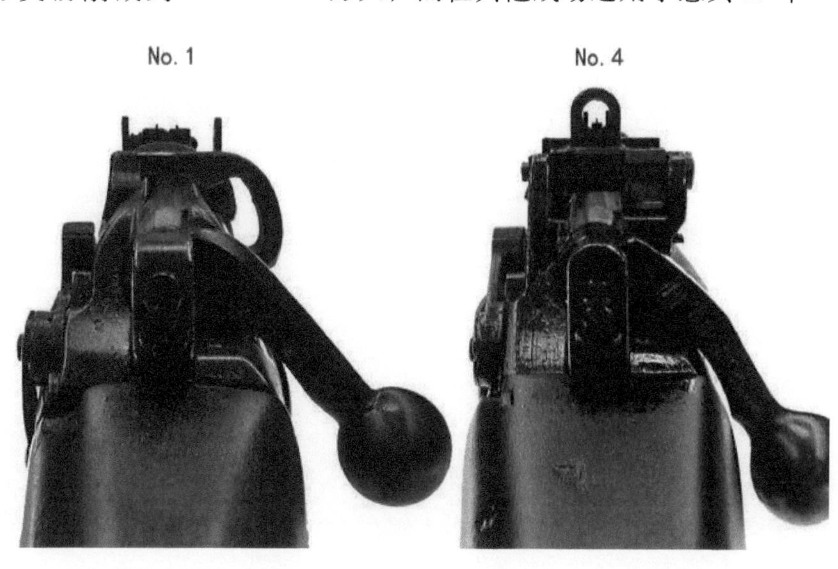

☆ 二战中后期英军主要使用的李-恩菲尔德SMLE No.4 MKI最大特点是改用了觇孔瞄具（李-恩菲尔德SMLE No.4之前生产的李-恩菲尔德SMLE，被称为李-恩菲尔德SMLE No.1）

步兵师和3个骑兵师；到1918年3月31日，陆军军费的总支出超过了8.24亿英镑，比战前增加了20多倍。然而，随着战争的结束，英国陆军很快恢复到了战前规模。一战导致欧洲大陆上的德意志帝国与奥匈帝国瓦解，俄罗斯帝国则由于相继进行了两次国内革命而暂时退出了国际事务，英国陆军没有继续维持庞大编制的必要，在战后不久就开始了迅速的裁减与复员工作。正如前文所述，以一天1万人的速度，在很短的时间内，几百万陆军到1919年年底只保留了5个本土师，军队人数从1918年的350万减少为1921年的37万。《十年准则》明确表示英国不再组建赴欧洲大陆作战的远征军，陆军和空军的主要职责就是为印度、埃及以及新的委任统治地区和所有英国控制下的领土（自治领土除外）提供卫戍部队，同时为国内的政府权力提供必要的支持。1922年，随着苏俄反干涉以及凯末尔革命的胜利，英国被迫相继撤回了干涉两国革命的军队，英国内阁再次将陆军的主要职责确定为维护国内安全和帝国防御，陆军只需具备为欧洲以外的海外义务进行小规模战争动员的能力即可，其基本兵力为5个步兵师和1个骑兵师，以及本土防卫义勇军14个师作为预备队；“大陆义务”则暂时被英国所轻视。然而即使这支小规模的远征军也只是存在于理论上，一些师的编制并不完整或者根本不存在，能够立即使用的兵力实际上只有1个师和1个骑兵旅，至于其他的至少需要6个月后才能使用。《洛迦诺公约》签订前，英国本土陆军共部署了53个步兵营和9个骑兵旅，在印度有8个骑兵团、45个步兵营以及55个野战炮兵营，在埃及、土耳其以及德国的莱茵区则有37个步兵营。与一战前相比，大英帝国的版图扩大了很多，但是军队的人数却减少了。

此后，尽管英国在1925年的《洛迦诺公约》中承担了援助被侵略方的义务，但是并没有改变英国不再组建远征军的原则，英国也没有打算准备建立一支对应的军事力量，相反在英国看来洛迦诺标志着英国自1914年8月开始承担欧洲义务的完全解除。在英国外交部看来，欧洲国家

☆ 第二次世界大战中英国狙击手们仍然与他们的父辈一样，使用李-恩菲尔德SMLE狙击步枪

越是相信我们准备履行保证，我们就越不可能被要求那样去做。在 1926 年度的英国国防政策评估中，参谋长委员会并未对外交部的观点表示异议，只是表示英国陆军只有在满足帝国防御的前提下才能用来支持外交政策，而现有的陆军并不足以履行大陆义务，因此对于大陆义务而言，英国各军种只能表示关注。委员会认为当前的国际局势总体是和平的，《洛迦诺公约》大大减轻了英国在欧洲的防御问题，因此建议缩小本土防卫义勇军的规模，并且将海岸防卫和地面防空的任务交给本土防卫义勇军来担任，英国的战略重点应放在帝国的防御和海上交通线的安全上，帝国国防委员会采纳了这一建议。1926 年，德国正式加入了国际联盟，并成为常任理事国，欧洲的安全问题似乎已经永久解决了。1927 年 7 月陆军大臣沃辛顿・埃文斯向内阁建议从当年起再将“十年规则”延长十年，并重申英国的军事战略重点应放在欧洲以外的地方。在经过认真讨论后，英国内阁在 7 月 28 日的会议上做出了明确规定：英国从现在的十年内不卷入一场欧洲战争，陆军的计划应建立在准备应对欧洲以外战争的基础之上。实际上将英国陆军的战略目标定位在满足大英帝国的安全防御上，而对欧洲各国的大陆义务则被轻视。按照满足基本帝国防御的战略目标，在整个 20 世纪 20 年代和 30 年代初，英国陆军军费开支逐渐减少，1933 年达到了最低点，只占据了国家收入的 2.5%。在这种情况下，对于狙击步枪这种精密又昂贵的步兵武器，英国政府缺乏为陆军进行投资换装的动力——就英国陆军宽泛的殖民地任务而言，这样的投资被认为是一种浪费。所以第一次世界大战期间使用的李 - 恩菲尔德 SMLE 狙击步枪，只得被英国陆军继续保留了下来。1932 年度的国防政策评估报告认为陆军的规模、装备质量和动员的效率都完全不足以履行《国联盟约》或《洛迦诺公约》下的义务，也难以防御印度或其他东方属地。到了 1933 年，希特勒也在德国上台，欧洲大陆又重新被笼罩在战争的阴影之下。这令英国政府不得不着手进行重整军备的种种准备。不过即便如此，《十年准则》时期的英国陆军建设的战略目标仍然深深影响了 20 世纪 30 年代的重整军备运动，在整个重整军备时期，陆军仍然是各军种中力度最小的。当时的财政大臣张伯伦坚持认为：“把我们的资源用在空军和海军比建设庞大的陆军更为有利”。正在这样的历史背景下，包括狙击步枪版本在内，李 - 恩菲尔德 SMLE 继续作为英国陆军的制式装备大量列装绝非偶然。一方面，在《十年准则》的约束下，长达十几年的资源紧缩，保留李 - 恩菲尔德 SMLE 是很理性的选择。毕竟在不负担欧陆防务义务的情况下，这样的装备已足以应付宽泛的殖民地任务；另一方面，虽然在 1933 年后，英国陆军得以摆脱《十年准则》的束缚，重新履行对欧陆的防务义务（尽管仍是有限义务），并据此进行扩编和重新武装。但有限追加的资源被开始迅速膨胀的部队规模大大稀释了，在这种情况下，也只有继续保留李 - 恩菲尔德 SMLE 而别无他法。

就这样，在一战中打满了全场的李 -

☆ 原本为布伦机枪设计的No.32 MkI光学瞄准镜

☆ 李-恩菲尔德SMLE No.4 MKI（T）狙击步枪

☆ 使用李-恩菲尔德SMLE No.4 MKI（T）狙击步枪的英军狙击手

恩菲尔德 SMLE，被英军继续带入了第二次世界大战，并且效法一战中的经验，依然被视为恢复和重建大规模战场狙击作战能力的基本材料。当然，二战中作为狙击步枪使用的李 - 恩菲尔德 SMLE 与一战中相比，发生了一些变化。首先是二战中英军前期使用的李 - 恩菲尔德 SMLE，主要是 Mk.III*。由于物资匮乏，一部分作为狙击战使用的李 - 恩菲尔德 SMLE Mk.III* 步枪，装备的是原本为布伦机枪设计的 NO.32 型瞄准镜。二战爆发之前，英国为布伦轻机枪开发和生产了专用光学瞄准镜，但部署到法国的英军装备的布伦机枪上并没有配备这一光学瞄准镜。敦刻尔克撤退中，英军失去了大量布伦机枪，存放在英国国内兵工厂里的光学瞄准镜失去了主人。注意到这一情况的英军立即将布伦机枪用光学瞄准镜选定为狙击步枪用光学瞄准镜，并将其命名为“No.32 MkI 光学瞄准镜”。为了在狙击步枪上使用，No.32 只保留了原机枪瞄准镜的镜体，重新设计出了小型、轻量的瞄准镜底座。这个底座安装在李 - 恩菲尔德 SMLE Mk.III* 机匣左侧，以便让开装弹和抛壳的位置，但瞄准镜则在枪管轴线正上方。这种机枪瞄准镜虽然以坚固耐用著称，而且放大倍数可在 3 倍和 9 倍之间调整，3 倍可用于森林或是丘陵地区常见的短距离狙击，而远距离射击则用 9 倍，但由于整个瞄准镜重量仍然高达 1.1 千克，令整支步枪笨重不堪。所以并不讨喜。据一些资料记载，使用 No.32 MkI 光学瞄准镜的李 - 恩菲尔德 SMLE Mk.III* 狙击步枪只生产了 1403 支。从 1942 年中期开始，大部分英军部队改为使用李 - 恩菲尔德 SMLE No.4 MKI。No.4 MKI 实际上在 1931 年就已经开始测试了，但由于前述的种种原因，直到 1939 年才小批量生产，大量换装英军部队则是 1942 年的事情。与 Mk.III* 相比，No.4 MKI 的主要区别是改用了觇孔式照门。二战中后期作为狙击步枪使用的李 - 恩菲尔德 SMLE，主要也是以精选的 No.4 MKI 为基础。这些被称为李 - 恩菲尔德 SMLE No.4 MKI（T）的狙击步枪（T 是瞄准镜 telescopic sight 的缩写），实际上又按产地不同，分为两个主要版本。英国本土生产的李 - 恩菲尔德 SMLE No.4 MKI（T），主要是通过在精度测试中挑选出来的量产型 No.4 Mk.I 步枪上安装贴腮板和进一步减轻重量的 No.32 MkII 光学瞄准镜组合而成。而澳大利亚陆军则将一部分本国生产的 No.4 Mk.I 改用比赛级重型枪管，加上托腮板及 3.5 倍望远式瞄准镜制成了所谓的李 - 恩菲尔德 SMLE No.4 MKI (HT)(HT 指重枪管 -Heavy Barrel 及望远式瞄准镜 -Telescopic Sight）。需要指出的是，也有部分资料指出这些李 - 恩菲尔德 SMLE No.4 MKI（HT）实际上是利用一战时库存的李 - 恩菲尔德 SMLE Mk.III 改装而来。但无论如何，李 - 恩菲尔德 SMLE No.4 MKI (HT) 的产量极为有限，只有 1612 支，算是相当小众了。至于英国本土生产的李 - 恩菲尔德 SMLE No.4 MKI（T），不但在战后被英军一直使用到 1960 年，甚至在改为使用北约制式 7.62 × 51 毫米弹药后，以 L42 的名义又继续用到了 20 世纪 80 年代，参加了马岛战争。有意思的是，

L42 实际上也有两个版本。早期的 L42A1 仅仅是更换了口径的李 - 恩菲尔德 SMLE No.4 MKI（T），最初被命名为 L8T，但性能并不令人满意，改装数量有限。后来射击爱好者将李 - 恩菲尔德 SMLE No.4 MKI 步枪换上重型枪管和缩短了的前托，用于射击活动的做法启发了恩菲尔德兵工厂，运用这一设计制造出了采用重型枪管、二道火扳机设置以及前置枪托的“特使”比赛步枪，经英军试用后反响不错，遂重新定型为 L42A2。英军在马岛战争中使用的就是 L42A2。

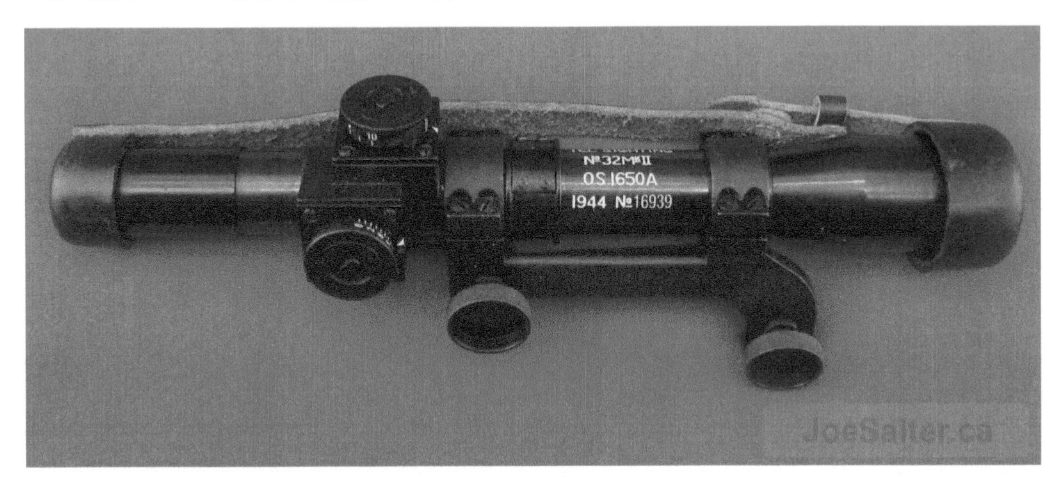

☆ 李-恩菲尔德SMLE No.4 MKI（T）使用的No.32 MkII光学瞄准镜

☆ 李-恩菲尔德SMLE No.4 MKI（T），主要是通过在精度测试中挑选出来的量产型No.4 Mk.I 步枪上安装贴腮板和瞄准镜组合而成

结语

在同时代的步枪中，李-恩菲尔德SMLE算是很有特点的一支，性能均衡，射速超快。虽然其生产工艺相对较为复杂，但在大英帝国雄厚的国力支撑下，仍然生产了7000多万支。也正因为如此，尽管在两次世界大战中，一部分作为狙击步枪使用的李-恩菲尔德SMLE或许受到瞄准镜问题的困扰，但这并不妨碍其发挥应有的战场价值，成为精确射击的利器……

第 5 章

胜利象征——莫辛·纳甘狙击步枪

在狙击步枪的历史中，苏联（俄国）的莫辛·纳甘是浓墨重彩的一笔。它几乎出现在20世纪的每一场战争中，从第一次世界大战到第二次世界大战，从朝鲜战争、越南战争到阿富汗、格林纳达。甚至在21世纪的伊拉克和叙利亚战场上，人们仍能看到它的身影。这究竟是怎样的一支枪呢？

☆ 在狙击步枪的历史中，苏联（俄国）的莫辛·纳甘是浓墨重彩的一笔

《兵临城下》中的莫辛·纳甘

法国导演让·雅克·阿诺执导的电影《兵临城下》，通过苏联红军传奇英雄瓦西里·扎伊采夫，将“莫辛·纳甘”狙击步枪精准、犀利的战场形象，以一种无比传神的方式刻在了大众的脑海中。片中的瓦西里，枪法非常精准，几乎百发百中，令德军步兵闻风丧胆，为了激励己方士气，苏军在报纸上刊登瓦西里的英雄事迹。由于瓦西里枪法精准，被团长授予了一支带4倍瞄准镜旋转后拉式枪机的莫辛·纳甘狙击步枪。此后，手握莫辛·纳甘狙击步枪的瓦西里如虎添翼，专门射杀单独或零星出没的德军，经常在德军的伙房、厕所附近打埋伏，有时也潜伏到德军阵地前，专打德军炮兵的观察员、德军军官，甚至洗澡的德国军官，都没逃过其枪口。苏军狙击手冷枪杀敌，给德军前线官兵以极大的心理压力。德军也派出了极富战地狙击经验的康尼少校来到斯大林格勒，目的就是狙杀苏军树立起来的狙击英雄瓦西里。于是，瓦西里与康尼两大高手之间，经过了数次斗智斗勇的生死较量，最终胜利女神的微笑还是留给了瓦西里，康尼少校被其一枪击毙，成了瓦西里手中那支莫辛·纳甘狙击步枪的枪下之鬼……

百年老枪的身世

有充足的理由相信，在21世纪的第二个10年，莫辛·纳甘的枪声仍在阿富汗的山谷和叙利亚的沙漠中回响。这意味着作为最早定型于19世纪末的莫辛·纳甘，无愧于百年老枪的称号。莫辛·纳甘的身世可以追溯到普法战争后使用无烟药枪弹步

☆ 作为俄国步枪和德国血统光学瞄准镜的杂交产物，莫辛 · 纳甘PE/PEM/PU兼有俄式的粗犷和德式的精密

枪的兴起。1886 年法国率先采用了使用无烟药枪弹的 8 毫米口径 M1886 勒伯尔步枪，欧洲国家群起效仿，沙俄也决定设计一种类似的“3 线”口径新型连发步枪，来代替老式伯丹单发步枪（“线”英文为 line，旧俄罗斯度量衡，1 线等于 0.1 英寸或 2.54 毫米，因此，3 线等于 0.3 英寸或 7.62 毫米）。有意思的是，后来俄国陆军所确定的制式步枪方案，是一种混合式的产物。它的一部分是由来自比利时的纳甘兄弟提供的。纳甘的全名是莱昂 · 纳甘，他是比利时人，他还有一个兄弟埃米尔 · 纳甘，他们在比利时列日（FN 公司所在地）有一个小枪厂，靠修枪和造枪维持生计，但是沙俄军队的无烟药枪弹步枪招标给了纳甘兄弟工厂一次青史留名的机会。纳甘兄弟设计了一款纳甘步枪参与俄国竞标，同时俄国有一名莫辛上尉，设计了一款莫辛步枪参与竞标。竞标测试结束后，俄国军队倾向纳甘兄弟的步枪，但俄皇认为让一款外国枪进入俄国军队有失帝国体面，所以最后采用了折中的方案：把纳甘兄弟设计的供弹系统装在了莫辛设计的步枪上。于是混合血统的莫辛 · 纳甘步枪诞生了。至于参与竞争的双方也都获得了补偿：纳甘兄弟得到酬金（后来纳甘兄弟设计的 M1895 手枪也被俄罗斯军队采用），而莫辛则晋升成上校并被任命为谢斯特罗列茨克兵工厂的主管，继续改进和生产这种步枪。莫辛上校于 1902 年 2 月 8 日去世，安葬在图拉。在 1960 年，苏联还设立了一个莫辛特别奖，奖励各个防务企业系统内的专家。莫辛 · 纳甘步枪是一种旋转后拉式枪机、弹仓式供弹的手动操作步枪，是俄罗斯军队采用的第一种无烟发射药步枪。M1891 型莫辛 · 纳甘步枪最初有三种型号：步兵步枪、龙骑兵步枪和哥萨克步枪，步兵步枪就是标准型长步枪，后两种是配发给骑兵部队使用的骑枪（卡

宾枪）。标准型全枪长1308毫米，带刺刀全长1738毫米，空枪重4.22千克，枪管长800毫米，枪口初速615米/秒。它采用整体式的弹仓，通过机匣顶部的抛壳口单发或用桥夹装填。弹仓位于枪托下的扳机护圈前方，弹仓弹容量为5发，有铰链式底盖，可打开底盖，以便清空弹仓或清洁维护。由于是单排设计而没有抱弹口，因此弹仓口部有一个隔断面，上膛时隔开第二发弹，避免出现上双弹的故障。在早期的枪型中，这个装置也兼具抛壳挺的作用，但自M1891/30型开始，以后的枪型都增加了一个独立的抛壳挺。枪膛内有4条右旋转膛线。当枪机闭锁时，回转式枪机前面的两个闭锁凸榫呈水平状态。

☆ 埃米尔和莱昂·纳甘武器公司的海报

☆ 纳甘兄弟

☆ 莫辛上尉（后晋升为上校）

值得注意的是，莫辛·纳甘步枪发射的7.62×54毫米R型枪弹也很有故事。这种步枪弹采用凸底缘锥形弹壳。虽然凸底缘锥形弹壳在19世纪末就已经开始过时了，但由于这种设计对弹膛尺寸的要求相对宽松一点，这样在机器加工时允许有较大的生产公差，既节省了工时，又节约了钱，所以在此后的半个多世纪中一直维持着生产。莫辛·纳甘步枪发射的7.62×54毫米R型枪弹最初采用重210格令、铜镍合金被甲、铅芯的钝圆头形弹头，在德国采用了尖头弹后，俄国军队也开始研制尖头弹，经过广泛测试后，在1908年采用了一种重148格令、铜镍被甲的铅芯尖头弹（战争时期采用覆铜钢被甲）。有意

☆ 悠久的历史，足以让莫辛·纳甘形成一个庞大的枪族

☆ 装有PU瞄准镜的莫辛·纳甘

思的是，如果说莫辛·纳甘已经是一种足够长寿的百年老枪，那么其弹药就更为夸张。在二战结束后，莫辛·纳甘彻底停产，苏联的制式步枪先后采用了中间威力型枪弹和 5.45 毫米小口径步枪弹，但直到现在 M1908 式 7.62 × 54 毫米 R 型枪弹仍然被用

作机枪和狙击步枪的弹药。莫辛 · 纳甘步枪兼有可靠性高、射程远、精度高、射击烟雾少等多项优点，连续发射时就像水珠溅落，因此拥有“水连珠”的美誉。莫辛 · 纳甘步枪被采用时，俄国的轻武器企业还没有做好生产准备，所以第一批 M1891 莫辛 · 纳甘步枪是法国的夏特罗轻武器厂生产的。日俄战争中，俄军装备的大部分莫辛 · 纳甘步枪就是由法国代工生产的，由于性能可靠、皮实耐用，让日军吃尽了苦头。第一次世界大战期间，莫辛 · 纳甘步枪是俄军的主要装备。由于俄军规模不断扩大，俄国国内工厂莫辛 · 纳甘步枪的产能供应不上，外国的承包商再一次被用来生产这种步枪，主要与两家美国公司签订了生产合同，但由于 1917 年俄国十月革命的爆发，生产出的数十万支步枪只有少部分交付给了克伦斯基政府，其余大部分在美国用于训练和民间销售。在 1917~1922 年的苏俄内战中，无论是红军还是白军，莫辛 · 纳甘步枪都是交战双方最基本的武器。进入苏联时代后，情况依然如此。兵工厂里生产的莫辛 · 纳甘步枪不但武装了苏联红军，而且还大量支援土耳其的凯末尔军队等。苏联时代生产的莫辛 · 纳甘步枪在 1930 年经过了一次重大改进，其成果被称为 M1891/30 式步枪。M1891/30 步枪以龙骑兵版的 M1891 莫辛 · 纳甘为基础，主要是重新设计了机械式瞄准具，部分 M1891/30 步枪的机匣也由原先剖面呈六角形的设计改为剖面呈圆形的设计。后来狙击型的莫辛 · 纳甘，大部分就是在 M1891/30 步枪基础上改进而来的。

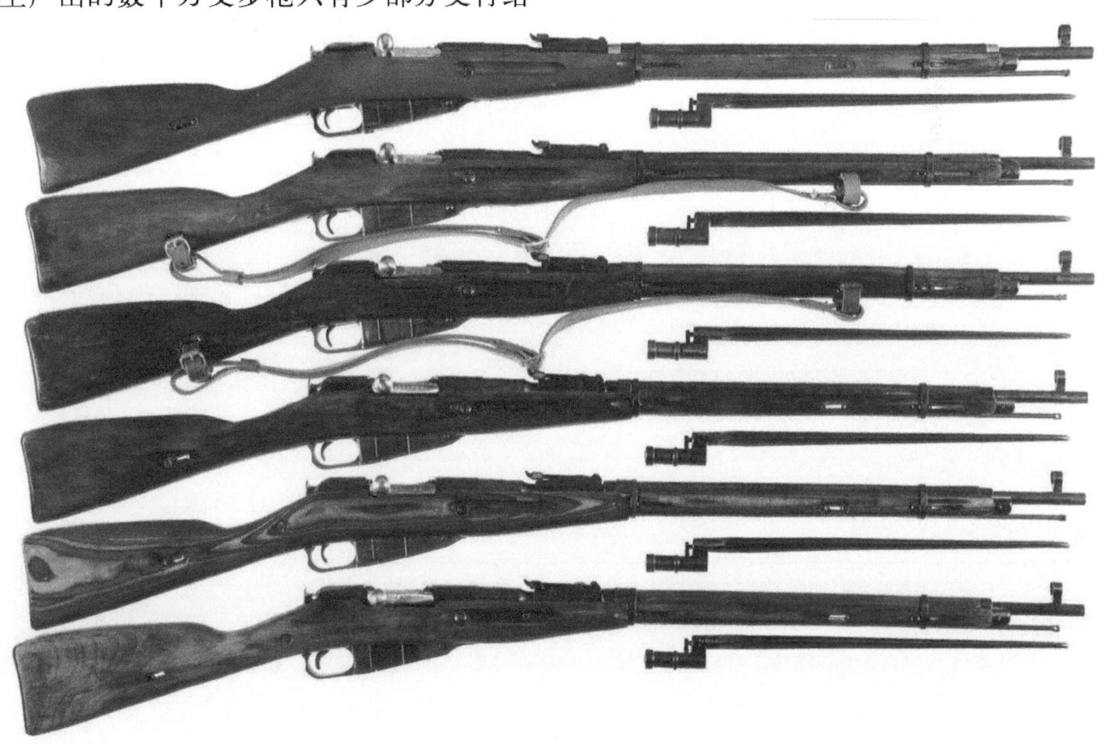

☆ M1891/30步枪以龙骑兵版的M1891莫辛 · 纳甘为基础，主要是重新设计了机械式瞄准具，部分M1891/30步枪的机匣也由原先剖面呈六角形的设计改为剖面呈圆形的设计

加了德国瞄准镜的“水连珠”

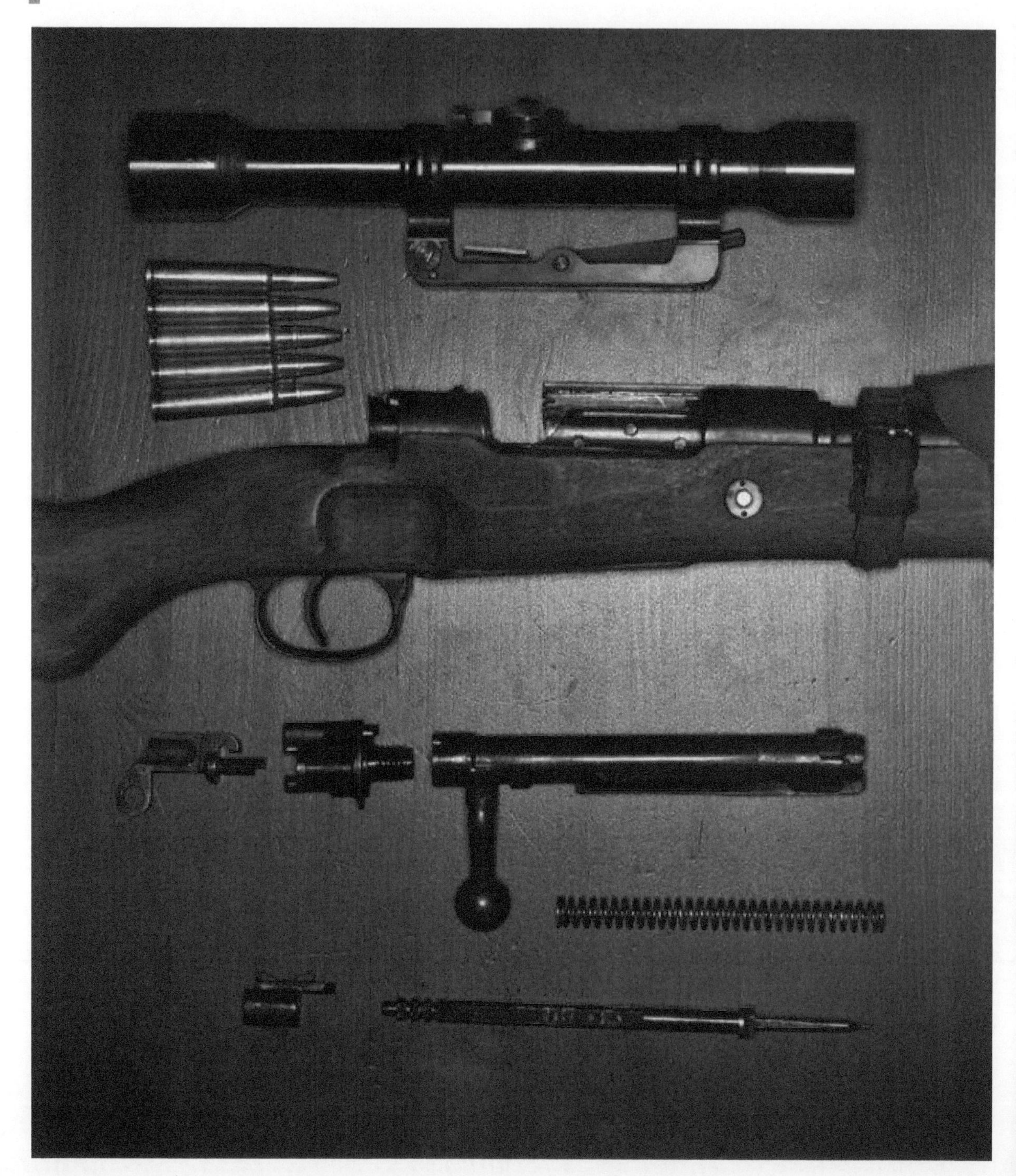

☆ 1926年内务人民委员会（NKVD）订购了少量定制型莫辛·纳甘狙击步枪

一般的观点认为，苏联红军没有重视狙击战术的传统，对狙击手及相应装备的重视，只是在 1939~1940 年的冬季战争中吃了芬兰军队的大亏后，才仓促上马。但实际上，苏联红军系统性的狙击手培养计划很早就展开了。俄国军队在一战时期就有神枪手的战斗条令，不过这些神枪手只是装备标准的步兵步枪并充当斥候或观察小组。事实上，利用苏联第二个五年计划的实施，红军总参谋部在 1930 年制定了完整的狙击手发展计划，这个计划的目的是要培养专业的狙击手，在战斗中扰乱敌军战线的沟通，射杀敌军的指挥人员，压制敌军的支援火力，阻缓支援部队的进攻行动。为此在 1930 年初，苏联红军就已经开始生产专门的狙击步枪和制定完善的狙击手训练计划。而在民间，从 1932 年起，苏联国防及航空化学建设促进会也设立了“伏罗希洛夫射手”奖章及荣誉称号，授予射击达到一定标准的射手（伏罗希洛夫射手分为一、二两级，一级的射击技术比班、排“神射手”的水平还高，和专业狙击手比起来无非是潜伏和伪装能力的差距）。所以早在德国入侵苏联前，苏联红军就已经有大批狙击手和狙击步枪，这与其他二战参战国有很大的不同，因为其他国家都是战争开始后才重新重视狙击手的作用。

当然，在苏联红军总参谋部刚开始开展狙击手计划时，遇到的一个问题是没有合适的枪用瞄准镜。尽管早在十月革命后的 1918 年 12 月 15 日，苏俄政府就在列宁格勒成立了瓦维洛夫国家光学研究所，这显示出国家对光学工业的重视。但在苏联红军总参谋部于 20 世纪 30 年代初决定开展狙击手计划时，苏联本国的光学工业却仍然无法满足军方的这一需求。不过，苏联红军总参谋部认为这个困难能够通过与德国的军事合作来克服掉。至于当时苏德之间的军事合作关系则是一段颇有意思的特定历史产物。1922 年 4 月 16 日，两国外长分别代表本国政府签署了《德国和俄罗斯苏维埃联邦社会主义共和国协定》，这就是开辟长达 20 余年苏德合作时代的《拉巴洛条约》。根据条约规定，双方恢复外交关系，在最惠国待遇原则下发展双边贸易和经济关系，双方放弃赔款和财产等要求。随后，两国又缔结了一个秘密军事协定，德国抗拒《凡尔赛条约》的禁令，向苏俄提供成套武器制造生产线，帮助苏俄红军建立现代化参谋指挥和训练体制，苏俄则向德国开放基地和工厂。德国能够在那里不受干扰地训练装甲兵、飞行员及其他军事人员，研制《凡尔赛条约》严禁的武器。1926 年 4 月，苏、德签订了《苏德友好互不侵犯和中立条约》，德国向苏联保证了不参加任何国际集团对苏联的封锁。苏联则保证了德国东部的安全，这项条约更加促进了两国的军事合作。根据档案记载，德国国防军统帅塞克特对苏、德合作非常高兴。1922 年年底，他在国防部创立了一个管理机关，在波恩和莫斯科均设有办公室，动员德国公司把遭到禁止的武器生产线转移到苏联（当年苏俄通过宪法，改国名为苏联）。不久，克虏伯公司便在图拉制造大炮、装甲车，容克公司在莫斯科郊区开始制造飞机发动机，法本化学公司在萨马拉制造军用瓦斯毒气。德国派出专家帮助苏联建立了三个大型兵工厂，德

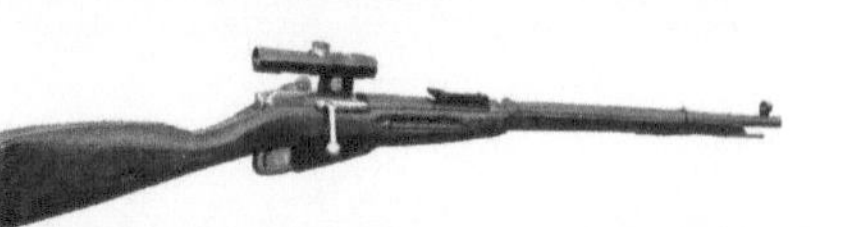

☆ 莫辛·纳甘狙击步枪

☆ 早在德国入侵苏联前，苏联红军就已经有大批狙击手和狙击步枪，这与其他二战参战国有很大的不同

德国企业订货。以1929～1932年为例，这四年苏联从德国进口的总值分别为4.31亿马克、7.6亿马克、6.26亿马克和2.82亿马克。两国军事技术和人员的交流保持着和谐的关系，形成了互通有无、互相帮助的局面。斯大林对双方的合作关系相当满意。1929年5月31日，斯大林写信给外交人民委员齐切林说："我想……我们与德国人的事情将运行良好。"虽然在1933年1月希特勒上台后，苏、德良好的军事合作关系受到了一定影响。但疯狂反苏反共的希特勒此时却能客观估计形势，1933年4月底，他在接见苏联驻德国全权代表时表示，他与斯大林在反对《凡尔赛条约》体系上是一致的，"双方可以互相补充并给予相互帮助"。这意味着魏玛共和国时

籍专家一度占苏联军工企业外聘专家总人数的80%。

1928~1933年，苏联展开了第一个五年计划，以图建立现代化的军事工业基础，迫切需要德国大量援助，德国也投桃报李，向苏联提供了大量信贷，以及帮助苏联向期的苏、德军事合作关系，在希特勒上台后仍然得以维持。也正是在这种局面中，正在致力于狙击手计划的苏联红军总参谋部，将获得大批高质量瞄准镜的希望寄托在了德国人身上——精密光学仪器正是德国工业界的强项之一。这里需要指出的

是，虽然从 1926 年起，苏联就已经开始购买放大倍率 2× 的德国蔡斯 · 耶纳（Zeiss-Jena）和放大倍率 3× 的埃米尔 · 普旭（Emil Busch）光学瞄准镜，其中后者拥有升降和风力偏差调节功能，而作为改装对象的莫辛 · 纳甘步枪，则是在工厂的生产线上精心改装的。改装后的狙击步枪弹道同普通量产步枪相似，但内膛经过特意加工，没有枪刺，准星上调了 1 毫米，将拉机柄加长并改成了弧形，以便在枪的左侧安装瞄具座，扳机压力也较小。由于机匣尾部与枪托护木更加匹配，这些精选步枪的战斗稳定性要比量产型步枪好得多。枪托是由优质胡桃木制成。不过，这些早期版本的莫辛 · 纳甘狙击步枪，是内务人民委员会（NKVD）拨款制造的，而苏联红军则认为它们过于精密昂贵，并不适于战场使用。所以在 1931 年，苏联红军总参谋部订购了一批蔡司公司设计的 4 倍白光瞄准镜（由德国相机生产厂埃米尔 · 普旭代工），安装在精选的 M1891/30 莫辛 · 纳甘步枪上，在经过部队试用后，由苏联工厂以 PE（俄文）的制式型号大量仿制生产。而装备 PE 4 倍白光瞄准镜的 M1891/30 莫辛 · 纳甘，也被称为 PE 精确步枪。安装 PE 光学瞄准镜的莫辛 · 纳甘狙击步枪全重 4.6 千克。该光学瞄准镜重 620 克，目镜焦距 80 毫米，物镜直径 30 毫米，视场 5°，分划为 1~14，每个分划 100 米，对应于 100~1400 米的瞄准距离。

☆ PE型瞄准镜的技术源于德国蔡司公司设计的4倍白光瞄准镜

☆ PE型瞄准镜细部特写

在当时的时代技术背景下，由蔡司公司设计的 PE 4 倍白光瞄准镜（生产工艺由德方的埃米尔 · 普旭工厂提供技术支持）具有显而易见的先进性。它的目镜和物镜直径都比镜筒要大，而且它的调节结构也都是内藏在瞄准镜的结构中的，只在外部露出调节的旋钮，这在当时是很先进的一种技术，对于精密制造、金属化材料的要求都很高。对比同时期的美式瞄准镜，采用的还是外置调节式，在结构上落后同时期的德国货一个时代。另外，

PE 瞄准镜采用了实用性很强的 T 字三柱分划，这种较粗的分划设计一方面基于当时苏联的工业水平，制造能耐受频繁强烈冲击而不变形断裂的高性能金属丝是非常困难的事情；另一方面，苏联西部地区多灌木的环境中也特别显眼，不会发生分划标志与视野中的树枝等混淆的情况，有利于射手的快速瞄准射击。为了装 PE 光学瞄准镜，莫辛·纳甘步枪进行了改造：由于莫辛·纳甘步枪使用直拉机柄，在机匣上方安装光学瞄准镜后会影响拉机柄动作，为此莫辛·纳甘步枪把拉机柄改为向下弯曲的形状，这样在旋转开锁后，拉机柄是指向右侧的，不会碰到瞄准镜。又因为瞄准镜装在装填口正上方，所以莫辛·纳甘狙击型无法使用 5 发桥夹装填，只能以散弹的形式逐发装填，这是一个不小的缺点。PE 作为苏联红军装备的第一支制式狙击步枪（精确射手步枪），从 1932 ~ 1937 年总共制造了 51401 支。主要装备红军连以下部队。早期生产的 PE 步枪瞄准镜是安装在六角形机匣顶部对正枪膛中线的位置上，两侧各有三枚螺钉固定在机匣上，但这种中线型镜架不适用于圆形机匣，所以在圆形机匣的 M1891/30 莫辛·纳甘投产后，改为安装在机匣左侧的形式，此外侧式镜架系统也便于装填和使用机械瞄具。PE 瞄准镜可调高低、风偏和焦距，但由于 PE 瞄准镜的制造工艺对苏联的工业水平来讲过于精密，所以从 1937 年之后又生产了采用简化型瞄准具的 PEM 步枪来取代 PE 步枪（精选的 M1891/30 莫辛·纳甘”配用什么瞄准具，就以这种瞄准具来称谓），两种瞄准具的主要区别就在于，PEM 为节省工序取消了目镜焦距调节旋钮，这同时也改善了镜体的密封性能。另外，大部分 PE 步枪的瞄准镜安装座位于机匣正上方，而大部分 PEM 与后期型 PE 一样，瞄准镜安装位置则改在了机匣一侧。从 1937 ~ 1942 年共制造了 101279 支。就这样，通过加装德式光学瞄准镜，这些“水连珠”构成了苏联红军狙击作战能力的良好基础。在这里需要解释一下的是，尽管 PE/PEM 步枪的标尺射程高达 2000 米，但其白光瞄准镜 4 倍的倍率只具备对近距离目标的观察能力。具备观察经验的人都应该清楚，这个倍率下 400 米外的人已经很小了，躯干的宽度就和肉眼看 40 厘米外的一根 0.4 毫米的铅笔芯差不多。在倍数确定后，物镜等镜片的直径则决定了视野的旷阔与否。但在有限的材料和工艺水平下，要使大尺寸镜片能够耐受枪械反复冲击而不破裂，需

☆ 1938年生产的PEM瞄准镜

要在成本和产能上付出高昂的代价。所以PE/PEM 步枪的瞄准镜放大倍率只有 4×，实际有效射程不超过 400 米，但这已经是时代条件下所能达到的最优选择。更何况，尽管作为一种德国血统的 PE/PEM 瞄准镜在放大倍率上并没有特别突出，但与同时代产品相比显著的差异在于视角。同样在 4× 的倍率下，PE 瞄准镜拥有 25° 的视角，英国或美国的瞄准镜则只有 15° 左右的视角。更广的视角意味着红军精确步枪手能够快速锁定目标，有更多的时间进行仔细瞄准。另外，在 1936 年后，蔡司公司改良了抗反光涂膜配方，发明了举世闻名的 T 镀膜。苏联方面通过某些手段（主要是由于当时苏、德军事合作关系仍在维持），设法获得了一些 T 镀膜的技术资料，这些技术随后被用于 PEM 瞄准镜的生产。所以后期生产的一部分 PEM 步枪因为瞄准镜采用了 T 镀膜，镜片不会因为反光而暴露位置，进一步提升了战场价值。

按照苏联红军总参谋部的计划，PE/PEM 步枪将在 1940 年之后，逐步被新一代半自动精确步枪取代，也就是 SVT38/SVT40 半自动步枪的狙击版本。SVT 半自动步枪火力持续性好，而且在弹药上与莫辛 · 纳甘通用，似乎是个正确的决定。为此，苏联红军军械局还为 SVT 半自动步枪研发了 2.5 倍放大倍率的 PU 型光学瞄准镜。遗憾的是，1941 年 6 月 22 日，提前到来的战争打乱了红军的换装计划。由于战争初期的大溃败，红军不但损失了大量的兵员和技术兵器，乌克兰这样的重要工业生产基地也大部分沦陷。在这种情况下，较为复杂的 SVT 半自动步枪被迫停产，M1891/30 型莫辛 · 纳甘重新确立了在红军中的地位。所以很自然地，战前制定的狙击步枪（精确步枪）换装计划也被迫重新规划，精选的 M1891/30 型莫辛 · 纳甘仍然是主角，瞄准镜则换成了比 PE/PEM 更为简化的 PU 型 3.5 倍镜。PU 型瞄准镜是一种坚固的光学装置，放大倍数为 3.5 倍，长 169 毫米，

☆ 装有PU瞄准镜的SVT38半自动步枪

重 270 克，仍然采用简单的三 T 分划。风偏调整螺在左侧，刻度从 +10 到 -10；高低调整螺在镜体上方。为了适配莫辛·纳甘步枪，PU 瞄准镜的镜架进行了一定的改进，改为一个侧置固定，正面看为倒 L 形的镜架，镜架底部有一个底座，与步枪机匣侧面固定，底座与镜架的前固定点为球面，后固定点有一个斜置螺丝，通过转动这个螺丝能给瞄准镜归零，瞄准镜本体通过镜架顶部的紧固环固定。事实上，在战前的规划中，PU 瞄准镜是一种通用装置，其适配对象既包括 SVT 半自动步枪，也包括 14.5 毫米机枪、12.7 毫米机枪，有些用于重机枪的瞄准镜的射程可调到 2200 米。配装 PU 瞄准镜的 M1891/30 型莫辛·纳甘从 1942 年年底开始生产，主要由图拉和伊热夫斯克两家兵工厂负责。大规模生产一直持续到 1944 年年底。据不完全统计，伊热夫斯克兵工厂在 1942 年结束前就生产了 53195 支 PU 型步枪；图拉兵工厂的数量类似，但具体数字现在已经无从考证了。当时狙击步枪的瞄准镜架都必须在步枪上归零，归零后如果拆下重新装上，又得重新归零，也就是固定瞄准镜的底座不具备现代战术导轨紧密固定，每次拆装瞄准镜都保证位置同一性的特点，

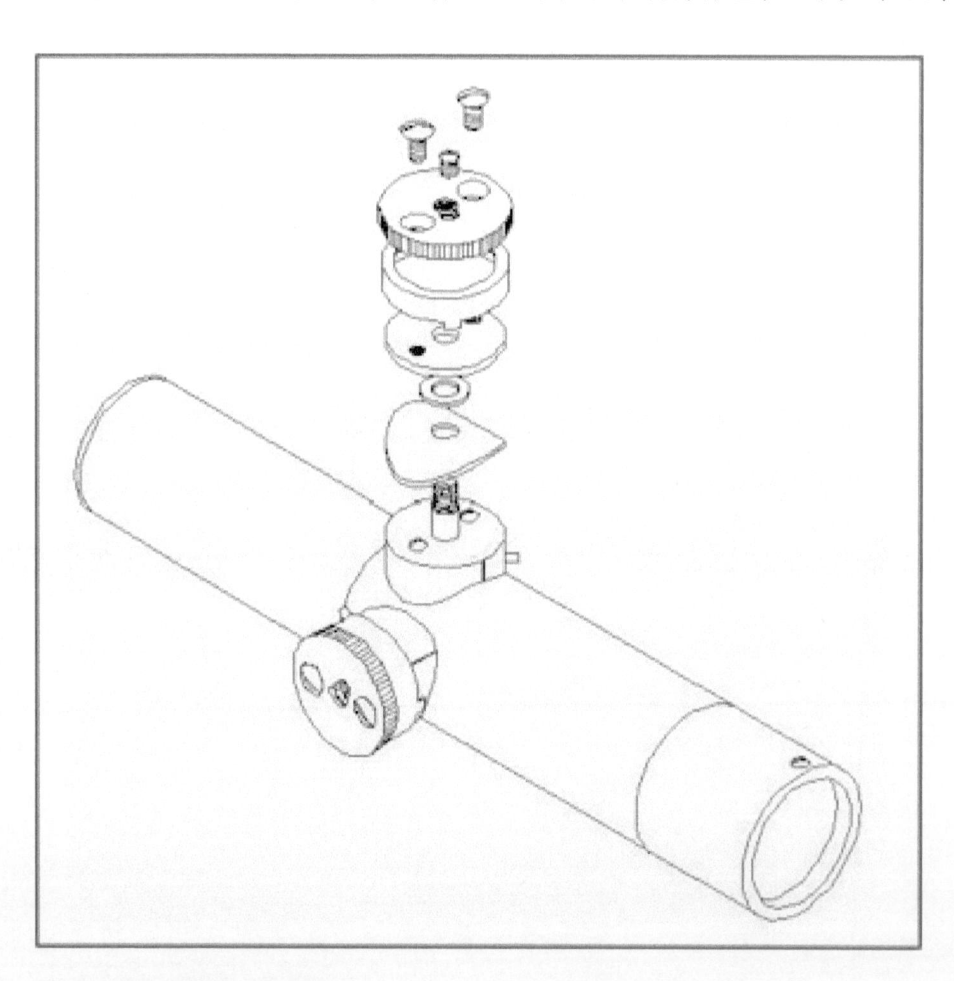

☆ PU型瞄准镜结构示意简图

所以苏军莫辛・纳甘狙击步枪的瞄准镜经过军械员归零后不许士兵自行拆装。为了在携行时保护瞄准镜，苏军就给狙击步枪配发一个帆布做的，能包住瞄准镜的帆布套。当然，作为一种战时的应急产品（实际上这是苏联当时无法得到和战前一样的高质量光学玻璃和不具备极具挑战性的曲面镜头加工工艺而做出的某种妥协），红军战士对 PU 步枪的整体评价不如战前生产的 PE/PEM。

☆ PU型莫辛·纳甘狙击步枪

二战中大放异彩

由于M1891/30型莫辛·纳甘本身素质不错，德国血统的PE/PEM/PU瞄准镜更是简单、精巧又坚固，所以卫国战争中，作为苏联红军开展大规模狙击作战的主要装备，各种狙击步枪型莫辛·纳甘大放异彩。事实上，虽然战争初期苏军蒙受了重大损失，但是前线的红军部队从未放弃过培养优秀狙击手。此外，后方的红军预备役部队也举办了短训班，按照实战要求，抓紧培训优秀狙击手。1941年9月18日，最高苏维埃主席团正式颁布和实施了《苏联全民军事训练法》，为组织苏联公民进行军事训练提供了更多的机会。除轻机枪手、迫击炮手和通信兵按照单独训练科目训练外，其他人员均按照狙击手训练科目进行。但是在短时间内难以培养出高水平的狙击手，苏联最高统帅部果断决定在苏军各军区开办优秀狙击手学校。优秀狙击手学校为全脱产，训练时间为3～4个月，教官专门由苏联国防和航空化学促进会指派。1942年3月20日，按照苏联最高统帅部的命令，苏军在莫斯科郊区韦什尼亚基组建了中央狙击手学校，训练时间为半年，无论是在军队，还是在地方接受过狙击手正规训练的苏联公民，毕业后都将获得一枚“伏罗希洛夫射手”胸章。当时，德军也拥有一批专门培养狙击手的学校，但是规模和训练质量都逊色于苏军。尽管反法西斯同盟美军和英军也高度重视狙击手的培养，可是训练效果和实战运用不仅落后于苏军，也落后于德军和芬兰军队。这实际上意味着苏联红军在二战中拥有世界上最为强大的狙击作战能力，而支撑这种能力的主要技术装备，就是各种狙击步枪型莫辛 · 纳甘（PE/PEM/PU）。

在卫国战争中，手持莫辛 · 纳甘狙击步枪的苏联红军狙击手，作战效率完全出乎苏联最高统帅部的意料。据苏联红军总参谋部军事侦察总局获取的德军一份总结报告透露，苏军狙击手击毙德军官兵的效率，与苏军火炮和航空兵杀伤的效率相同。为了提高狙击手的威望和鼓舞其斗志，苏联最高统帅部临时设立了“优秀狙击手”奖章，并为做出特殊贡献的狙击手颁发刻有狙击手本人名字的步枪，1942 年 5 月 2 日，苏联最高统帅部正式设立了“狙击手”奖章。1943 年 6 月，苏联最高统帅部结束了大规模集中训练狙击手的计划。在卫国战争期间，苏军狙击手训练体系共计培养了 428335 名优秀狙击手。1945 年 3 月，位于莫斯科郊区的韦什尼亚基中央狙击手学校正式停止招收狙击手学员。由于狙击作战的特殊性和重要性，苏军狙击手往往要接受其直接首长下达的狙击作战任务，连长、营长和团长，是向狙击手下达任务最多的战场指挥员。在前线遂行作战行动时，苏军狙击手主要担负下列任务。在进攻战中，首先要歼灭敌指挥官、通信兵和狙击手。其次要歼灭敌坦克驾驶员和目标观察员。狙击手必须对敌火炮和反坦克武器数量进行统计，快速穿越敌防御阵地和跟踪敌人。同时，狙击手还必须统计敌机枪手、火炮瞄准手、枪械校正手、永久火力点、土木火力点和装甲盖板的数量。使用潜望镜和立体镜辅助射击，对敌人实施严密监视和观察。必要时，狙击手借助信号弹给其他火力武器提供目标指示。在防御战中，首先要歼灭敌指挥官、通信兵、狙击手、侦察员和观察员。其次要歼灭敌坦克驾驶员和目标观察员。必须统计机枪、火炮、反坦克武器，以及被击毁或烧毁的敌坦克数量，拦截低空飞机，射杀敌坦克和装甲车观察手，严密监视战场动向。此外，苏军狙击手还可以受领其他战术任务。例如，对担负反攻或潜入敌后的作战分队的侧翼或接合部进行警戒掩护。由于苏联最高统帅部成功组织了狙击手训练，

☆ 苏联红军在二战中拥有世界上最为强大的狙击作战能力，而支撑这种能力的主要技术装备，就是各种狙击步枪型莫辛 · 纳甘（PE/PEM/PU）

加之苏军狙击手在实战中熟练使用狙击战术，苏军优秀狙击手在苏德各条战线上屡建奇功。

在卫国战争中，苏军最优秀的狙击手当属苏联斯大林格勒会战英雄瓦西里·扎伊采夫（电影《兵临城下》主角原型），在短短的4个月时间里，他共计歼灭了242名德军官兵，与战友合作歼灭了1126名德军官兵。他的最大成就不在于歼灭了为数众多的德国军队官兵，而是成为苏联最高统帅部在斯大林格勒会战中开展的狙击手竞赛的楷模。斯大林格勒会战给予了德军战略上的重创，终结了德军自1941年以来保持的进攻态势，致使苏军与德军总体力量对比发生了根本性变化，确立了苏联反法西斯战争由防守转为反攻的重大转折。因此，瓦西里·扎伊采夫被苏联最高苏维埃主席团授予“苏联英雄”荣誉称号。

☆ 二战东线战场上，苏联红军女狙击手手握莫辛·纳甘

1943年12月苏军在乌克兰战线，以及随后在列宁格勒战线和下诺夫哥罗德战线展开的反攻中，苏联最高统帅部继续推广斯大林格勒会战开展的狙击手竞赛，并取得了显著的效果。卫国战争中，在苏联狙击手歼灭德军官兵的死亡名单中，苏军第12集团军第4步兵师第39步兵团米哈伊尔·苏尔科夫以歼灭702人的成绩拔得头筹。第2名至第10名优秀狙击手称号获得者顺序为：弗拉季米尔·萨尔比耶夫，击毙601人；瓦西里·克瓦强吉拉泽，击毙534人；阿哈特·阿赫迈季亚诺夫，击毙502人；伊万·西多连科，击毙500人；尼古拉·伊利英，击毙494人；伊万·库利贝季诺夫，击毙487人；弗拉季米尔·普切林采夫，击毙456人；尼古拉·卡久科，击毙446人；彼得·贡恰罗夫，击毙441人。苏军每人歼敌超过400名的共有17名优秀狙击手；每人歼敌超过200名的共有25名优秀狙击手。一位被苏军优秀狙击手击毙的德军狙击手在日记和书信中多次写道：“苏军的狙击手太恐怖了，简直让你没有藏身之地。在堑壕里绝不能露头，也许一个小小的失误就会丧命。任何人都有可能处在苏军狙击手的瞄准之中，即便是在黑夜也没有任何安全感。”苏军第一近卫炮兵团狙击手伊万·卡拉什尼科夫歼灭的350名敌人中，有45名是在夜间被击毙的。这些苏联红军王牌狙击手的战绩，绝大部分都是通过各型莫辛·纳甘狙击步枪（PE/PEM/PU）取得的……也正是由于在卫国战争中，莫

辛·纳甘狙击步枪获得了苏联红军指战员的高度认可，所以在经历了 1944 年的短暂停产后，莫辛·纳甘 PU 步枪于 1945 年重新恢复生产，在 1958 年最终彻底结束生产时，总产量达到了 275,250 支，此后又继续作为苏军制式装备服役到 1963 年才被撤装……

结语

☆ 莫辛·纳甘PE/PEM/PU兼有俄式的粗犷和德式的精密

在狙击步枪的历史中，苏联（俄国）的莫辛·纳甘是浓墨重彩的一笔。事实上，作为俄国步枪和德国血统光学瞄准镜的杂交产物，莫辛·纳甘 PE/PEM/PU 兼有俄式的粗犷和德式的精密，其战场价值则在第二次世界大战的东线战场上得到了最残酷的验证，与 T-34 坦克、喀秋莎火箭炮、波波莎冲锋枪一起，成为苏联红军胜利的象征。

第 6 章

高卢执拗——法国 FR-F1/F2 狙击步枪

由于复杂的原因，法国人在现代狙击步枪领域存在感不高。但存在感不高不代表就没有作为。第二次世界大战结束后，法国国营圣·艾蒂安武器制造厂为法国军队量身定制的FR-F1及其改进型FR-F2，就是法兰西风格非常浓郁的作品，业内评价颇高……

迄今法军装备FR系列狙击步枪的历史已经超过了50年，但在法军之外装备FR系列狙击步枪的国家却十分稀少。这可以解释为什么FR系列狙击步枪知名度不高。事实上，法国人在枪械设计上一直都是特立独行的，足够个性的造型成为他们的特点，同时也成为负担。这让他们在设计上往往会需要更多的考量，毕竟能做到个性，并且让人认同它是个不小的难题。不过，法军能够执拗地使用FR系列狙击步枪50年不变，这也不全是民族自尊心的体现。说到底，FR系列狙击步枪还是非常符合法军对狙击作战的理解，尽管这种理解在其他国家看来有点特别。

☆ FR系列狙击步枪知名度不高，但却并非泛泛之辈

☆ 法军能够执拗地使用FR系列狙击步枪50年不变，这也不全是民族自尊心的体现。说到底，FR系列狙击步枪还是非常符合法军对狙击作战的理解

法国早期狙击步枪的发展

☆ 装有APX1917瞄准镜的勒贝尔M1886/93步枪

法国发展现代意义上的狙击步枪武器始于第一次世界大战。尽管率先装备了采用无烟药弹的勒贝尔弹仓式步枪，但一战前法国军队对步兵究竟应当使用什么样的步枪还是处于迷茫中。勒贝尔步枪是世界上第一款装备无烟火药子弹的步枪，其弹药使用硝化纤维，更是设计了圆头的8毫米D型子弹。试验证明这种弹药降低了空气阻力，增强了步枪的远距离射击能力。一部分军官认为这种步枪的杀伤力不足，但是进行试验后，结果表明8毫米D型子弹杀伤力不俗。该弹药重12.8克，初速为每秒725米，使用旋转车床加工。讽刺的是，新型弹药也带来了许多问题。圆头弹药很适合管式弹仓，但是新型的8毫米尖头弹药可能会造成后一发子弹击发前一发子弹底火的事故。所以这种情况下，在1890年，法国陆军就启动了替换勒贝尔步枪的项目，四家政府机构一共拿出了超过20种原型步枪，弹药种类也是五花八门。到1910年，法国陆军决定采用穆尼耶（Meunier）A6半自动步枪来作为法国步兵的标准武器，这种半自动步枪使用一种尖头的7×59毫米弹药。但是紧接而来的一战却打乱了法国人的脚步。鉴于新步枪无法在即将到来的战争中承担重任（可靠性没达到要求，生产工艺也过于复杂），法国人只能继续使用老式的勒贝尔M1886/93步枪。到了1915年，法军高层意识到勒贝尔步枪的确已经过时，所以他们开始采用作为卡宾枪和殖民地武器而研发的贝蒂埃（Berthier）07/15步枪。这种步枪仍然使用8毫米D型子弹，弹容量最初只有3发（出于携带和重量的顾虑），但在与德军步兵交火后，法军将其弹容量提升至5发。与普通步兵要使用什么样的步枪相比，狙击步枪的缺乏同样令法军上层感到挠头。一战初期，德国人在狙击作战方面的准备比英、法两国都要充足，在战事由运动战彻底转为胶着的堑壕战后，德国人的这种准备就变成了一种类似单方面的战场优势，不但大量的法国士兵死于德国人的冷枪之下，更重要的是德军无所不在的狙击手严重影响了前线法军的士气。所以法军高层决定，要尽快为前线提供大量的指定射手步枪，用于武装法军中的精英轻步兵（战前的法国有非常著名的1000米军事射击竞赛，而且在比赛时会对民众开放，所以在一战爆发后征召的部队拥有一些不错的神枪手。这些神枪手就成为法军精英轻步兵的重要来源），与德军狙击手进行战场对抗。至于具体的方式，除了设法收集一部分猎枪和运动步枪外，更多的是效仿对手，用适合的光学

☆ 一战中的德军狙击手同样令法军吃尽了苦头

☆ 装有APX1896商用狩猎瞄准镜的贝蒂埃（Berthier）07/15 8毫米口径步枪

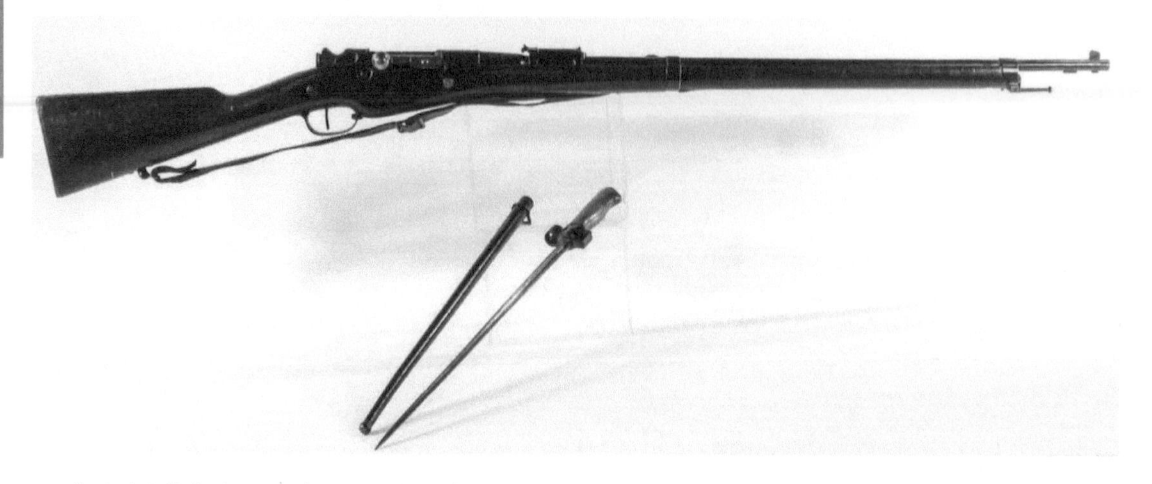

☆ 普通型贝蒂埃（Berthier）07/15 8毫米步枪

☆ 贝蒂埃（Berthier）07/15步枪机匣铭纹

瞄准镜对现役步枪进行重新装配。不过，法军在这两方面都遇到了不小的困难。

首先是瞄准镜。战前的法国在巴黎拥有一个大型光学设备生产基地，这里负责生产望远镜、双筒望远镜、小型双眼望远镜和火炮使用的光学瞄准镜。他们所生产的双筒望远镜因为清晰度更高，深受英国绅士们的喜爱。当然，这并非给士兵用的光学瞄准镜，法军在战前并没有过多考虑给步枪安装光学瞄准镜的问题。结果为了应急，先是匆忙改进了37毫米“皮托”步兵炮上使用的光学瞄准镜并开始测试。由于这种瞄准镜并非专门设计用于轻武器使用，所以在很多方面它都有所不足。尽管改装人员延长了物镜，但这种光学瞄准镜还是没有作为步枪瞄准镜下发部队。此后，在巴黎布洛涅森林附近的APX工厂以德国的打猎用望远镜为基础，研发出了一款放大倍率为2倍的望远镜瞄准镜。这款商用瞄准镜被称作APX1896，此后又生产了一种根据APX1896改进而来的Mle.1907型瞄准镜。另外，法军还采购了一部分温彻斯特A5瞄准镜，通过加工过的金属板夹在步枪机匣前部，后部则由螺钉拧紧。这些瞄准镜的性能都只能说是差强人意。不过，在

1915 年年底，法军试验了缴获的德国瞄准镜后，设计出了 APX 1915 型瞄准镜（Atelierde Puteaux Mle.1907-1915）。该镜可以放大 3 倍，上部拥有聚焦环，内部则拥有十字分划，校准距离达到 800 米，视场为 7°。整个瞄准镜除了底座，均由黄铜制成。瞄准镜前部还有一个无头螺钉用于调节风阻。虽然在 1915 年年底法军决定大规模生产 APX 1915，但由于光学玻璃的产能不足，APX 1915 的生产一直没什么起色……相比于高质量瞄准镜的缺乏，枪械平台本身的情况更为严重。与同时期的莫辛·纳甘、李 - 恩菲尔德 SMLE、毛瑟 G98 相比，8 毫米口径的勒贝尔并不是打造成一支精确步枪的好材料。勒贝尔步枪使用管状弹仓设计，在连续射击之后，枪支重心会因为子弹数量的减少而发生改变，影响射击精度。而且管状弹仓的装填速度较慢，弹药受损也会导致击发故障。除此之外，勒贝尔步枪因其 1.3 米的长度不便于堑壕使用，因此被法军士兵戏称为钓鱼竿。所以将勒贝尔步枪加装瞄准镜作为精英轻步兵们的武器并不是一个好主意。相比之下，贝蒂埃（Berthier）07/15 步枪的情况就要好一些。这支枪的发射机构和勒贝尔基本一样，只不过两个闭锁凸榫是垂直闭锁而不是勒贝尔的水平闭锁。真正关键的是将勒贝尔的管式弹仓改成了竖仓，采用 5 发漏夹装填。这在一定程度上提高了可靠性。所以作为一支狙击步枪的基础，贝蒂埃（Berthier）07/15 步枪要比勒贝尔步枪好上一些(但也有限)。贝蒂埃(Berthier) 07/15 最初是为骑兵设计的，长度比较短，便于堑壕使用，所以一部分贝蒂埃步枪安装了 APX 1917 瞄准镜后（由前述的 APX 1915 进一步改进而来），成为一战中法军最好的狙击步枪。除去以上两种栓动步枪外，法国的圣·艾蒂安公司（简称 MAS）在一战期间还研发了 RSCMle.1917 型半自动步枪。这些半自动步枪中的一部分也在加装了 APX 1915 或是 APX 1917 瞄准镜后，交由法军精英轻步兵使用。该枪使用和勒贝尔步枪一样的 8×50 毫米步枪弹，同时许多零部件也能与勒贝尔步枪进行互换，便于在短时间内进行大批量生产，降低成本。这支步枪一共生产了 85000 支。不过在实战中暴露出可靠性不佳，步枪太重太长，难以在堑壕内进行保养的缺点。所以并不成功。

☆ 第一次世界大战中的法军狙击手

大国尊严——圣·艾蒂安 FR-F1 7.5 毫米口径狙击步枪

☆ FR-F1狙击步枪以MAS 36式7.5毫米口径栓动弹仓式步枪为基础研制

两次世界大战之间，由于和平主义和绥靖主义盛行，法军对狙击步枪这类昂贵的步兵武器兴趣不大——有限的军费大部分被用于修筑马其诺防线。此后，又因为在第二次世界大战中迅速战败，法军在狙击步枪领域基本上毫无建树。站在盟军一边坚持抵抗的自由法国（后改称战斗法国）军队中的精英轻步兵，使用的主要是英、美提供的狙击步枪，主要是加装瞄准镜的李 - 恩菲尔德 SMLE 或是 M1903A4。不过二战结束后，法国并不甘心成为美国的附庸，恢复大国地位的决心十分坚定。而作为大国起码的门面，继续使用英、美等国提供的步兵武器是不可想象的。所以法国一经解放，很快就恢复了部分步兵武器的生产（大部分是战前法国军队使用的型号），战争结束前向德国境内进军的法国军队，就有一部分已经使用了国产枪械——法国军队拿着法国枪械在 1945 年的柏林参加了胜利阅兵。当然，法国大国地位的恢复并不是一件一蹴而就的事情。战后初期，法国国内议会主义重新抬头，战前动荡的政治局面再度上演，从 1946 年到 1958 年的法兰西第四共和国 13 年内换了 22 届政府，政府的频繁更替直接导致法国丧失了推行强硬外交的政治基础。虽然法国拥有联合国五大常任理事国的大国之名，却无大国之实。拥有大国身份的法国，此时仅仅是美国一个无足轻重的“小伙伴”。这让有着浓厚民族情结的戴高乐将军感到了屈辱。1958 年，难以为继的法兰西第四共和国走到了尽头，戴高乐临危受命建立法兰西第五共和国。通过修改宪法，限制议会权力，实现了政治稳定。1958 年的法国也基本摆脱了二战结束初期经济崩溃的局面，加之第三次工业革命的刺激，法国经济在 1958 年实现了起飞。这为戴高乐推行其独立自主的外交政策奠定了物质基础。也为法军换装包括狙击步枪在内的新一代国产步兵武器提供了政治和物质上的保障。

事实上，法军对于步兵武器的期盼，不仅仅事关国家尊严，也与刚性的战场需求密不可分。戴高乐的法兰西第五共和国成立之初，法军仍然深陷阿尔及利亚战争的泥潭中苦不堪言。这是一场摧毁了法兰西第四共和国的战争，也是一场催生

☆ 从第二次世界大战前到1958年的阿尔及利亚战场，法军一直在使用MAS 36 7.5毫米口径栓动弹仓式步枪这支“过渡性”武器

☆ MAS 36 7.5毫米口径栓动弹仓式步枪

入的兵力梯次增多，1956 年 8 月，法国在阿尔及利亚的总兵力已达 40 万人，超过了二战时自由法国兵力的总数。到 1957 年年底则已达 80 万人。1957 年，法军向阿尔及利亚民族解放阵线（FLN）分别发动了厄尔米利亚战役和 10 月战役，法国殖民政府此次共投入约 1 万人兵力，其中包括法国最精锐的机械化部队和伞兵部队，向厄尔米利亚发动了攻击。他们在 4000 平方千米的土地上倾泻了无数的炸弹和凝固汽油弹。在海上，包括巡洋舰在内的法国军舰向阿尔及利亚民族解放阵线（民阵）发射了无数炮弹。随后地面部队在坦克和装甲车的掩护下向民阵的阵地逼近。民阵武装人员沉着应战，不畏强敌，避重就轻，不正面接

了法兰西第五共和国的战争。同时这更是一场惨烈异常、血腥异常的战争。这场战争的残酷远远超出了人们的想象。1954 年阿尔及利亚战争全面爆发后，法国投

敌，通过运动战，将主力拉到外线，乘机攻击法军防线的薄弱环节，使其没有达到消灭民阵的目的。1957 年 10 月法国殖民政府发动的这场 10 月战役，从过程到结

果都与厄尔米利亚战役如出一辙，法国殖民政府想要消灭民阵武装力量的愿望再次破产。法兰西第四共和国由此陷入了无力自拔的困局。蛰伏多年的戴高乐趁机出山。戴高乐政府上台之初需要做的就是运筹帷幄，在各种势力之间找到平衡点，获取支持，以稳固政权。同时尽管法兰西第五共和国取代了第四共和国，阿尔及利亚民族解放军却变得精干且富有战斗力，战斗部队达4万人之多。虽然相比较法军而言，仍是一支小规模的军队，但民族解放阵线的基础是牢固的。这意味着从军事上消灭民族解放阵线的主要战斗力量，然后谋求政治上的和解是当时戴高乐最理想的解决方案。法国军队对新型狙击步枪的需求变得十分强烈——他们需要一支能够远距离精确射击的步枪，用来在阿尔及利亚战场上执行特殊战斗任务、击杀民族解放阵线重要人物，更要在阿尔及利亚人民心中散播恐怖。

法国国营圣·艾蒂安武器制造厂在了解军方的这一需求后，立即组织人员，在MAS 36 7.5毫米口径栓动弹仓式步枪的基础上展开研制，其成果就是FR-F1。作为FR-F1枪械平台的研制基础，MAS 36式7.5毫米口径栓动弹仓式步枪从枪到弹都很有些故事可讲。在一战结束后，法国轻武器设计师们就开始研发新型步枪弹。勒贝尔步枪弹在问世时十分新颖，但性能已经落后于时代。特别是对于一心想实现步枪半自动化的法国军方来讲，这种带底缘、大锥度的8毫米子弹，已经成为进步的克星。所以新型无底缘步枪弹的换装对于法国陆军而言刻不容缓。在1920年，法国工程师开始测试一战各国使用的步枪弹。相比其他参战国，法国在弹药研发上其实占有很大优势。战前的法国轻武器工业生产力仅次于美国，同时设计人员数量为西方之最。1919 ~ 1920年，法国人测试了接近20种型号不同的步枪弹。试图得到一种通用步枪弹。这种通用步枪弹必须能够在机枪、卡宾枪和步枪上使用，同时后坐力要足够小。经过初步测试，法国人决定采用7.5毫米口径的步枪弹。在进一步的射

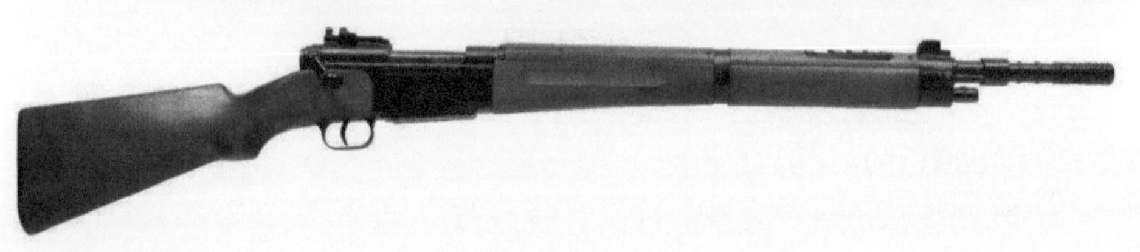

☆ 20世纪50年代初，法国生产了少数加装瞄准镜并使用重型枪管的MAS 36/51狙击步枪

击测试结束后，法国人终于在 1921 年拿出了实验性的 7.5×56 毫米步枪弹。在进行了一定的缩短后，法国设计师将其命名为 Mle.1929d 型弹药。7.5×54 毫米 Mle.1929d 型弹药是毛瑟步枪弹的近亲。这种弹药实际上是在拉长的 6.5×55 毫米步枪弹上装入了一发 7.62×63 毫米步枪弹的弹头。该弹精度极高，弹道也十分平滑。更重要的是，由于其长度较短，步枪设计就可以变得更为紧凑。同时，新型步枪弹的造价比勒贝尔步枪弹更便宜，弹道性能更好，重量也更轻，子弹初速达到了每秒 823 米。结果这种步枪弹在法军内服役了超过 50 年之久。法国人先将这种子弹用于 FM24/29 轻机枪，然后又研发了一系列使用 7.5×54 毫米 Mle.1929d 型子弹的步枪。这些步枪中，包括栓动式的勒贝尔 R35、贝蒂埃 M34，以及半自动的 RSC 1918。勒贝尔 R35 与贝蒂埃 M34 都是勒贝尔 M1886/93 步枪的改进型号。前者是将勒贝尔步枪上的 800 毫米枪管替换为了新生产的 350 毫米枪管，同时为其安装了新的照门。因此，整支步枪的长度缩减到 960 毫米，重量也下降到 3.7 千克，但弹容量下降至 3 发。后者的枪管长度只有 580 毫米，但弹药更换为了 Mle.1929c 型步枪弹，而且使用了毛瑟式的桥夹装填系统。至于 RSC 1918 则是一种应急产品，实际上是一战前穆尼耶（Meunier）A6 半自动步枪的 7.5×54 毫米弹药版本。正如前文所述，一战前法国陆军就决心用半自动步枪替换掉所有的栓动步枪，所以为 7.5×54 毫米 Mle.1929d 步枪弹研发步枪的重点，自然放在了半自动型号上。RSC 1918 是一个过渡，被称为终极步枪的全新型号研发则被交给法国最大的轻武器兵工厂：圣·艾蒂安公司（Manufacture d'armes de Saint-tienne）。

遗憾的是，到了 1927 年，终极步枪的研发速度还是慢了下来。军方高层开始抽调资金研发坦克以及修筑防御工事，同时经济的低迷和政府内部的混乱又分走了本用于国防的资金。价格昂贵的半自动步枪肯定没法按时服役了。但数量庞大的一战时期的老式步枪又必须被替换。无奈之下，法国政府只得重走过去的老路，根据 7.5×54 毫米 Mle.1929d 型步枪弹研发一款全新的栓动步枪。在 1927 年 7 月 12 日的会议中，法国陆军组建了一个研发委员会，专门负责研发新型栓动步枪。虽然没有提到通用性的指标要求，但最好能够使用和半自动步枪相同的生产设备来生产枪托、枪管、机匣等零件，以降低成本。新型栓动步枪的研发工作被交付给圣·艾蒂安公司与蒂勒公司（Manufacture d'armes de Tulle），研发委员会负责将两者设计中的优点结合在一起。在 1934 年，委员会完成了最后的 B1 原型枪。新步枪的特点包括：保留勒贝尔上的坚固机匣；可以一次性抛

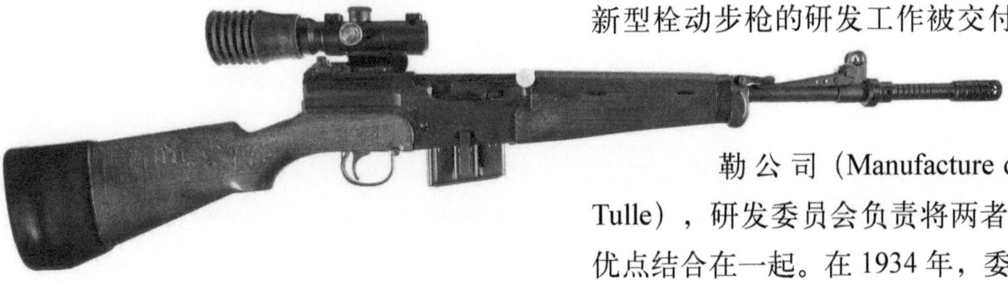

☆ 作为MAS36的半自动版本，MAS49/56也有部分加装瞄准镜作为狙击步枪使用

出弹匣内的所有子弹；能够使用单发子弹或桥夹进行装填；不用工具就能拆卸的枪栓。在第一次世界大战中，大部分军用步枪都在枪栓前安装了闭锁凸耳。虽然很坚固，但这也会导致泥土进入步枪后膛。英国李-恩菲尔德步枪的后端闭锁在这点上就比毛瑟步枪的设计好。所以法国人选择了英国的设计来增加可靠性。另外，考虑到较长的一体式枪托容易在热带地区变形，甚至影响射击精度，造成故障。新型步枪将会使用两段式枪托。遗憾的是，法兰西第三共和国的政局在两次世界大战之间始终是乱糟糟的，这种情况在进入20世纪30年代后更为不堪。在1940年法国战役开打前，被寄予厚望的MAS 36步枪只生产了20多万支。1944年，随着圣·艾蒂安工厂的收复，MAS 36步枪又恢复了生产。虽然从戴高乐建立法兰西第五共和国的1958年开始，MAS 36步枪逐渐从法军一线部队撤装，其位置被MAS49/56型7.5毫米口径半自动步枪取代，算是结束了颇为蹉跎的服役生涯。但由于栓动步枪天然的精确性优势，战后成为国营企业的圣·艾蒂安武器制造厂在研发新型狙击步枪时，MAS 36步枪又被选为枪械平台的基础，这使得MAS 36步枪的血脉以另一种方式得以延续。不过，FR-F1狙击步枪虽然使用了MAS 36步枪上的部分零部件和机构，如击针、击针簧、抽壳钩、击发阻铁、阻铁簧、空仓挂机等。但该枪在很大程度上经历了重新设计。这相对于西方国家获得狙击步枪的传统做法是一个很大的变化，比如美国的M21狙击步枪所用的枪械平台仍然只是精选的M14半自动步枪。这意味着一种浓烈的法兰西特色。

具体来说，FR-F1狙击步枪由枪管组件、枪托、枪机组件、机匣、发射机构、弹匣、保险机构、枪托和两脚架等零部件组成。采用旋转后拉式枪机，只能进行单发射击。弹匣弹容量10发。拉机柄设置在枪机右侧。需要射击时，将拉机柄向上转动，此时机头旋转，压迫击针回缩，并使击针簧处于压缩状态，在枪机旋转过程中，抽壳钩凸出，卡入弹膛内弹壳的底缘槽内，在枪机后拉时，将弹壳从弹膛拉出来，完成抽壳，当弹壳撞击机匣左侧的抛壳挺时，弹壳从枪机上被撞下来，并从步枪右侧的抛壳窗抛出。枪机向前运动过程中，将弹匣内最上面的一发弹推入弹膛，在推弹过程中，阻铁顶起凸轮，凸轮转动，使击针回缩，呈待击状态。扳机采用两道火机构，即扳机机构动作分为两步：扣动扳机时，且扳机与扳机销是联成一体的，一起向后移动，当扳机调节螺栓顶部抵住机匣时，对击针形成第一次挤压，完成结构动作的第一步；继续扣动扳机，扳机绕扳机销转动，形成对击针的第二次挤压，驱动阻铁解脱击针销的凸缘，击针在击针簧的作用下向前运动，击发底火。采用两道火扳机有利于射击时保持枪的稳定，提高命中精度。弹匣内最后一发子弹发射完毕后，空仓挂机将枪机固定在机匣尾部。弹匣扣位于机匣右侧，弹匣前端。更换弹匣时，向下压弹匣扣即可取下弹匣。FR-F1配用M53式光学瞄准镜。瞄准镜和它的校准工具、瞄准镜座一起装在一个经纬仪箱内单独携带。瞄准镜座右侧有两个与机匣顶部卡口适配的凸耳，左侧有一个与机匣顶部卡口适配的凸耳。将瞄准镜座的凸耳插入机匣卡口，旋转瞄准镜座后端的螺栓，使其向前顶住机匣的后端面，瞄准镜座便固定在步枪上了。在瞄准过程中，只要转动瞄准镜座与瞄准镜之间的塑料环，就能将瞄准镜的十字调到零风偏修正状态。当瞄准镜的十字与瞄准孔重叠，并对准目标时，便完成了瞄准，可以拧紧调整螺。值得注意的是，作为狙击步枪，FR-F1仍然保留了机械瞄准具，由带荧光点的平头棱锥形准星及护圈、缺口式照门组成。同时，作为法式武器一贯的特点，FR-F1 不但制造工艺精密，而且注重细节。比如该枪的枪托用胡桃木制成，底部有硬橡胶托底板。可以根据射手需要，在枪托上装贴腮板，生产厂家设计了两种高度不同、装有软皮的贴腮板作为随枪附件，一种高 8 毫米，另一种高 17 毫米，枪托上预留有插贴腮板的孔，使用时将其插入即可；同时在枪托底部也可以加装一块或两块木板，厂家同样设计了两块厚度不同的木板供用户选择，厚度分别为 20 毫米、40 毫米。两脚架采用可折叠的两节伸缩式架杆，可根据射手的需要调整两脚架的高低，不使用时可向前折叠，放置于枪的前护木下面。简而言之，以狙击作战的需求为考量，重新设计的枪械平台和特别精细的制造工艺，是 FR-F1 狙击步枪最大的不同之处，可谓法兰西特色非常浓郁。

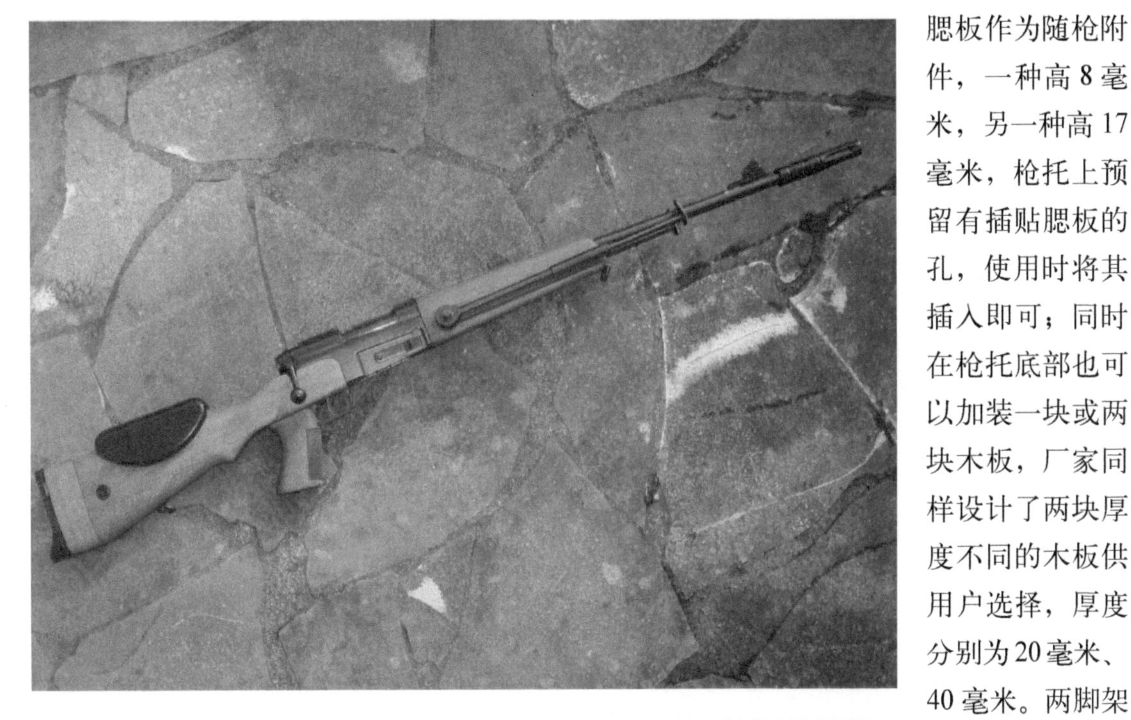

☆ FR-F1狙击步枪虽然使用了MAS 36步枪上的部分零部件和机构，如击针、击针簧、抽壳钩、击发阻铁、阻铁簧、空仓挂机等。但该枪在很大程度上经历了重新设计

法兰西的荣耀——FR-F2 7.62毫米口径狙击步枪

虽然FR-F1定型已经是在1964年，此时阿尔及利亚战争已经结束，但FR-F1还是被大量采购，成为法军唯一的制式狙击步枪。值得注意的是，尽管在戴高乐时期，法国与北约的关系十分糟糕，在1967年甚至干脆退出了北约军事一体化组织，将北约总部赶出了法国。但在本质上，法国仍属西方的一员。在这种情况下，FR-F1不得不有两张面孔：发射7.5×54毫米Mle.1929d型步枪弹的FR-F1，彰显的是法国的独立和大国身份；而为了减轻后勤负担、方便使用，在20世纪70年代末法国地面武器工业公司（GIAT，简称盖特公司）又生产了发射7.62毫米×51毫米北约制式步枪弹（NATO弹）的FR-F1。由于FR-F1式狙击步枪有两种口径，为了方便部队使用，在发射不同枪弹的步枪的机匣左侧刻有7.5毫米或7.62毫米字样，以示区别。有意思的是，尽管生产7.62毫米口径NATO弹版本的FR-F1，在政治上或许意味着一种妥协，但这种妥协却为FR-F1带来了较好的业内声誉。脱胎自美国T65型.30英寸步枪弹的7.62×51毫米NATO弹，是一个远比7.5×54毫米Mle.1929d型步枪弹庞大的家族，有多种类型的弹头和不同的弹道性能及目标效果，就算是普通弹也分别有钢芯和铅芯两种。改用7.62毫米×51毫米NATO弹的FR-F1，无论是多用途能力还是射击精度，都得到了延展或提高。比如FR-F1发射7.62毫米×51毫米M80普通弹进行的侵彻性能试验表明，在300米能击穿0.16英寸（约4毫米）装甲钢板，在500米能击穿0.12英寸（约3毫米）装甲钢板。在发射M61穿甲弹时，FR-F1在300米处能击穿0.28英寸（约7毫米）的装甲钢板，在500米处能击穿0.2英寸（约5毫米）装甲钢板；在发射M118比赛弹时（狙击弹），FR-F1则表现出了惊人的精确性，发射10发一组，在600码(约550米)的散布小于12英寸(约305毫米)；在发射M118LR比赛弹时，FR-F1的表现则更为惊人。M118LR是M118的改进型，LR的意思是“远程”，M118LR采用新的175格令尾锥结构空尖弹（BTHP），但弹尖的孔极小，实际上就是从后往前包被甲的新工艺，这种加工方式比起传统的从后方将弹芯挤入被甲的方式可以减少铅芯的变形，可获得更好的一致性，从而提高射击精度。在600码距离上10发一组散布在7英寸以内，在300码距离上10发一组散布在3.5英寸以内，都是小于1.1MOA。而在300码距离上5发一组散布在2.4英寸内（0.8MOA）。

由于FR-F1改用7.62毫米NATO弹后性能提升明显，这令盖特公司受到了极大鼓舞，于20世纪80年代初推出了FR-F2 7.62毫米口径狙击步枪。FR-F2式狙击步枪是在FR-F1式狙击步枪的基础上研制的，其基本结构如枪机、机匣、发射机构都与FR-F1一样。采用旋转后拉式枪机，

☆ FR-F2 7.62毫米口径狙击步枪是7.62毫米口径型FR-F1狙击步枪的进一步精细化版本

☆ FR-F2集柔和的手感和良好的射击精度于一体

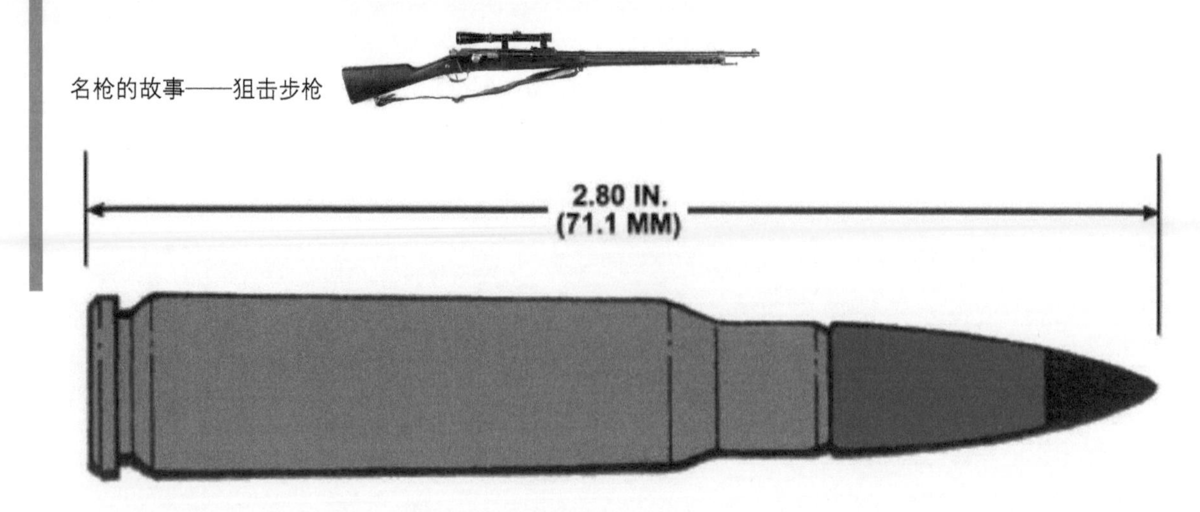

☆ 可由7.62毫米口径版本FR-F1式狙击步枪发射的M61穿甲弹

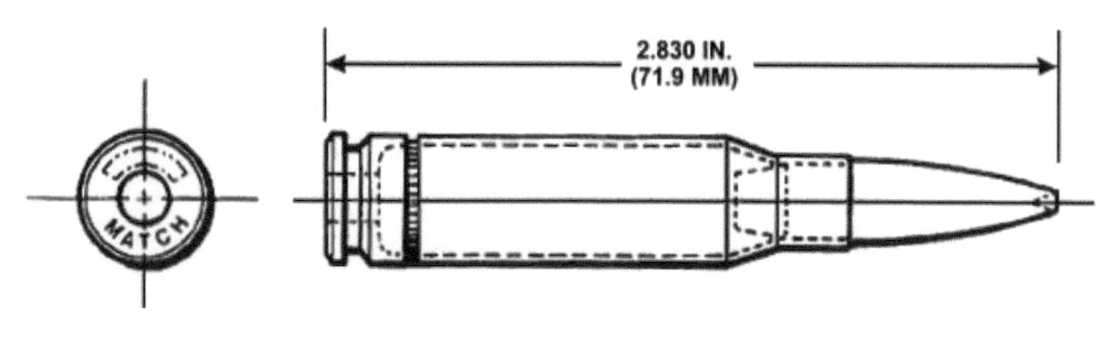

☆ 可由7.62毫米口径版本FR-F1式狙击步枪发射的M118竞赛弹

射击仍用非自动方式。同时，FR-F2式狙击步枪取消了机械瞄准具，只能用光学瞄准镜进行瞄准射击，除配有4倍白光瞄准镜外，还配有夜间使用的微光瞄准镜，从而使该武器具有全天候使用性能。相比于FR-F1，FR-F2改进的重点在于增强武器的人机工效，如在前托表面覆盖无光泽的黑色塑料；原型枪的木制护木被加长的聚合物纤维护木替代，射手把握牢靠，用起来舒服；枪管上增加了薄薄的绝缘隔热的枪管套，既可减少热气对瞄准线的干扰，又可降低红外特征；两脚架的架杆由两节伸缩式架杆改为三节伸缩式架杆，以确保枪在射击时的稳定，对提高命中精度有利。另外在枪管外增加了一个隔热的塑料套管，目的是减少使用时或因热辐射产生的薄雾对瞄准镜及瞄准视线的干扰，同时还降低了武器的红外特征，方便隐蔽射击。这些高度精细化的工艺处理，切中了部队狙击手使用武器的痛点，所以大受好评。从1980年中期开始FR-F2逐步取代了FR-F1，在法军部队中装备级别和战术使命与FR-F1式狙击步枪完全相同，至今仍未撤装。到了20世纪90年代，又由于精度高、威力大、声音小，适合中远距离隐藏射击，所以被法国国家反恐部队和特警选为制式武器，用在较远距离上打击重要目标，如恐怖分子中的主要人物、劫持人质的要犯等。这从一个侧面反映出业内对FR-F2的认同程度。需要指出的是，由于FR-F2使用的7.62毫米口径NATO弹能够与民用市场上的.308温彻斯特（.308 Winchester）弹

☆ FR-F2高度精细化的工艺处理，切中了部队狙击手使用武器的痛点，所以大受好评

完全兼容。军用型的 7.62 毫米口径 NATO 弹药与民用市场上的 .308 温彻斯特弹药规格其实是稍有不同的，但这两种弹却完全可以通用，并且这种互换性是完全符合美国的 SAAMI（运动武器和弹药制造商协会）的安全标准，混用也不会出现安全事故。一般而言，军用弹的膛压较高，弹壳壁的厚度也较大，而且军用型步枪的弹膛深度比民用型步枪的略深（相差约 0.33 毫米），不过两种弹即使混用也不会引发安全事故，只是如果玩复装弹的人需要小心校准整个弹壳尺寸，而不仅仅是处理瓶颈部，避免因为把较短的弹壳装到较深的弹膛内发射时，出现击针打击无力而不能击发的情况。在这种情况下，一部分流入民用市场的 FR-F1/F2 由于拥有柔和的手感、良好的射击精度和便宜的民用弹药，所以也受到了少数骨灰级射击爱好者的推崇。

结语

尽管是非常小众的狙击步枪，但法国人的 FR-F1/F2 至今仍然在役，而且还不时爆个冷门出来。比如在 2019 年，法国外籍军团夺得了由美国陆军和拉脱维亚陆军联合主办的“2019 届欧洲最佳狙击手团队赛”冠军。这次狙击手比赛在德国的格拉芬沃尔举行，有来自 17 个国家的 30 多支狙击手部队参赛。其中一个项目要求参赛队员穿着全套狙击手装具，在德国有记录以来的最热天气里，完成“12 英里（约合 19.3 千米）越野行军”后，马上对 800 米外的目标狙击，还要求一击命中。其他项目还包括野外测向导航（要求参赛队员对提前放置在基地周围森林中的不同隐藏目标进行定位）、“压力环境狙击”（在短时间内对多个远程目标进行狙击）等，其中最具挑战性的项目是参赛队员从河面的充气艇上，对浮动靶标进行狙击。显然，这样的比赛既考验狙击手的素质，也考验着装备的能力。而获胜的法国外籍军团狙击手使用的，正是 FR-F1 7.62 毫米狙击步枪。

☆ 以狙击作战的需求为考量，重新设计的枪械平台和特别精细的制造工艺，是FR-F1/F2狙击步枪最大的不同之处，可谓法兰西特色非常浓郁

第 7 章

好事多磨——苏联 SVD 半自动狙击步枪

狙击作战是一个古老的概念。狙击步枪也在狙击作战的摸索中很早就出现于战场。但很多人没有意识到的是，世界上第一支专门设计的狙击步枪，却在20世纪60年代才姗姗来迟。这就是苏联的德拉贡诺夫SVD半自动狙击步枪。

世界上第一支专门设计的狙击步枪诞生在苏联有其必然性——SVD要讲述的故事很不寻常。

☆ 苏军步兵分队典型的火力组合——AKM与SVD

☆ SVD背后的故事很不寻常

苏联早期半自动狙击步枪技术摸索

作为世界上第一支专门设计的狙击步枪，德拉贡诺夫 SVD 半自动狙击步枪并不是凭空出现的“神物”。其演进有着非常清晰的逻辑脉络。受第一次世界大战和国内战争经验的影响，到第二次世界大战前，苏联军方的精英们就注意到要加强班、排级部队火力的问题。比如时任苏联红军总参谋长的 M．H．图哈切夫斯基，在 1928 年《战争——武装战争的一个问题》一文就写道：“……由于兵器的质量和数量发生变化，进行战争的条件和战争样式的多样性，当然不仅体现在政治形势、联盟内部的兵力对比上，而且体现在战术和战法不同的样式上……步兵的情况就很能说明问题。从 1914 年至 1917 年，俄军的机枪数量由 4152 挺增至 23800 挺，即增加了 4 倍多；火炮数量则由 7909 门增至 9815 门，即增加了四分之一。从 1914 年至 1917 年，德军的机枪（重型和轻型）数量由 3000 挺增至 70000 挺，即几乎增加了 23 倍；火炮数量则由 9300 门增至 20000 门，即只增加了一倍。上面列举的数据说明，步兵火力的发展远远超过炮兵的发展。步兵成为经受完全的技术和战术革命并转而采取新战斗样式的兵种。尽管步兵人数相对减少，其战斗力和火力却明显增强……”在尽可能加强步兵分队火力的思想指导下，自动或是半自动步枪成为红军领导人们的心头好。就连斯大林也说，“一个使用自动步枪的士兵，等于 10 个使用栓动步枪的敌人。”

到了 20 世纪 30 年代中期，为红军步兵提供自动步枪的努力开始见到成效；由于出现了大量的自动步枪方案，取代莫辛·纳甘栓动式步枪的时代似乎已经成熟。最早进入红军部队试用的是费多尔·托卡列夫（Fedor Tokarev）设计的 SVT-38 半自动步枪。SVT 是“托卡列夫自动装填步枪”（Samozaryadnaya Vintovka Tokareva）的缩写，“38”表示该枪在 1938 年定型，但该枪并没有立即投产，因为当时还有其他竞争对手，其中最有竞争力的是西蒙诺夫的设计。1939 年 2 月 26 日，托卡列夫的设

☆ SVT-38半自动步枪

☆ SVT-40半自动步枪

计最终获胜，但军方对全面装备 SVT-38 仍有疑虑，因此在生产 SVT-38 的同时，也少量生产了西蒙诺夫设计的 AVS-36。SVT-38 和 AVS-36 都能发射莫辛·纳甘的 7.62 × 54 毫米 R 型步枪弹，前者是一支采用后坐式原理的半自动步枪，而 AVS-36 的特点则在于多种射击模式，也就是既能半自动射击，也能全自动射击，实际上可以作为班用机枪使用。由于这种原因，红军在 SVT-38 和 AVS-36 之间一度犹豫不决，据说后来是斯大林亲自干预了此事。所以 1939 年 7 月 17 日，苏联国防委员会发出指令，要求全力生产托卡列夫半自动步枪。SVT-38 试产是在 1939 年 7 月下旬，在改进了一些缺点后，于 1939 年 10 月正式开始批量生产。随后通过“冬季战争”的战场实践，到 1940 年 4 月 SVT-38 停产，改为生产经过改进的 SVT-40 半自动步枪。SVT-40 是根据冬季对芬兰作战所取得的经验教训总结的成果，在 SVT-38 的基础上改进而成，目的是改善步枪的操作性能和提高可靠性。为此，SVT-40 由 SVT-38 的后坐式自动原理改为导气活塞式自动原理。具体来说，SVT-40 的短行程导气活塞位于枪管上方，后座行程约 36 毫米。导气式连同准星座、刺刀卡榫和枪口制退器，构成一个完整的枪口延长段。这样的设计简化了枪管，但枪口延长段颇为复杂。枪口制退器两侧各有 6 个泄气孔，使部分火药燃气导向侧后方，从而起到降低后坐力和枪口消焰的作用。SVT-40 枪机采用偏移式闭锁机构，双闭锁凸耳。枪机框底部的开 / 闭锁斜面与枪机顶部的开 / 闭锁斜面贴合，在自动循环过程中相互作用，使枪机后端上抬或下落，完成开、闭锁动作。击发机构为击锤式，手动保险位于扳机后面，将其向下搬动时能阻止扳机扣动；向左上方扳起后，就能正常射击。SVT-40 的机械瞄具由位于枪口延长段后端的准星和安装在枪管尾部上方的缺口式照门组成。弹匣由钢板制成，可装 10 发枪弹。SVT-38 的弹匣比 SVT-40 的弹匣稍长，生产工艺也不同，SVT-40 的弹匣生产起来更简单。SVT-40 都采用木制枪托，但 SVT-38 枪托的前护手部位比较长。SVT-40 是在 1940 年 7 月 1 日投入量产的，同时 M1891/30 莫辛·纳甘步枪则开始减产，打算用半自动步枪以 1 ： 1 的比例替换掉所有的栓动式步枪。作为苏联红军步兵武器大换装的一部分，既然 SVT-40 要取代每一位战士手中的莫辛·纳甘，那么自然也应当包括那些被称为特等射手的红军战士。SVT-40 半自动步枪比莫辛·纳甘 M1891/30 步枪长约 50 毫米，但重量却减轻了近 0.5 千克。虽然发射的枪弹相同，设计精度也很接近，但 SVT-40 的后坐力却比莫辛·纳甘 M1891/30 更小，在这样的基础上发展一种半自动狙击步枪，对于红军总参谋部从 1930 年就开始制定的那个庞大的狙击手发展计划可谓意义重大——半自动步枪能够在一击不中的情况下迅速补枪，在客观上有利于降低对射手的要求，从而简化训练流程、缩短培养周期。

在 SVT-38/40 的枪械规划中，装有 PU 通用瞄准镜（3.5 倍放大倍率）的狙击型号是非常关键的一部分内容，计划要全面替代 PE、PEM 专用瞄准镜的 M1891/30 莫辛·纳甘狙击步枪。遗憾的是，在随后到来的卫国战争中，包括加装 PU 瞄准镜的狙击型号在内，红军部队对 SVT-40 评价不高。尽管 SVT-40 已经是针对冬季战争的战场反馈而进行改进的产物，但在 1941~1945 年的卫国战争中，红军部队普遍认为其结构过于复杂、维护困难和故障率高。以至于在 1942 年年初被大幅度减产，最终在 1945 年 1 月完全停产（总产量 160 万支），未能像美国的 M1 伽兰德步枪那样成为战争中的主角，只是作为莫辛·纳甘 M1891/30 步枪的补充，在战争中发挥着有限的作用，狙击型 SVT-40 的存在感也因此不高。不

☆ SVT半自动狙击步枪配用的PU瞄准镜

☆ 装有PU瞄准镜的SVT-40半自动狙击步枪

☆ 卫国战争的爆发，打乱了原本的苏联红军狙击步枪换装计划。红军特等射手（狙击手）不得不使用原本应被替换掉的莫辛·纳甘狙击步枪与法西斯作战

过，通过狙击型SVT-40在卫国战争中的使用，毕竟积累了宝贵的战场经验。更何况，SVT-40的失败事出有因。在苏联红军普通部队中饱受恶评的SVT-40，在红海军步兵这样的精锐部队中却得到了高度评价。更能说明问题的是，是敌人对SVT-40（也包括SVT-38）的认可。比如芬兰人在冬季战争中缴获了约4000支AVS-36和SVT-38步枪（包括狙击型号）。他们认为SVT-38的火力强大，而且也只是偶然卡壳而已，导致卡壳问题的部分原因可能是苏军使用的润滑油在寒冷天气下会冻住枪机。在后来的战斗中又先后缴获了15000支SVT-40（同样包括一部分装有PU瞄准镜的狙击型号），这些SVT-38/40不但在战争中被芬军大量使用，而且在二战结束后，仍有许多被芬军保留，一直用到1961年。德国军队也在二战中广泛使用了缴获的SVT步枪。在入侵苏联的初期，他们缴获了成千上万支SVT-38/40，其中一些SVT步枪被送回德国做进一步研究，为德国研制半自动步枪提供了经验。虽然德国不像芬兰那样也自己生产7.62×54R枪弹，但缴获的弹药很充足，而SVT步枪射击精度高，战斗射速比毛瑟Kar98k步枪高得多，如果有条件把SVT和毛瑟98k各用一遍，就不难明白为什么许多德军士兵喜欢在战斗中使用这种敌人的步枪并一直用到弹药耗尽为止。由于SVT步枪在德军中的使用量是如此之大，以至于德军高层要为这些苏联步枪制定德国型号并重新配发给前线部队，其中SVT-38被重新命名为SIG.258(r)， 而SVT-40则为SIG.259(r)，SVT-40的狙击型为SIG.Zf260(r)。1942年4月17日，德军装备部门还公布了编号为1384/42-AHA/In(VII)的野战条令，其内容就是关于“俄国自动装填步枪的使用和瞄准”。这些看似十分矛盾的情况，背后其实有着简单的逻辑。作为半自动步枪，SVT当然比莫辛·纳甘那样的栓动步枪结构要复杂，使用后本来就需要仔细擦拭，而偏偏当时苏联生产的枪弹使用的发射药腐蚀性较高，如果不勤加保养，会导致枪的可靠性进一步降低。遗憾的是，当时苏联步兵大多数都是农民出身的义务兵，教育程度低，而且训练水平不足，他们在对

☆ 战后苏联军方认为，SVT的不成功是诸多复杂原因造成的，不能因此否定步兵武器自动化的路线，这其中自然包括战前对狙击步枪半自动化的规划

枪支的保养上没有训练有素的职业化部队那般专业，于是就认为这种枪不好使。然而训练水平和教育程度都相对较高的海军士兵却认为 SVT-40 比莫辛・纳甘好得多，红军中两种素质不同的军人得出两种不同的结论，这就很能说明问题。同样，德国士兵和芬兰士兵的训练水平都比较好，而且教育程度也高，比大多数农民出身的红军更容易理解对枪械保养维护的重要性，他们也认为 SVT 是一支上好的步枪。所以在战后苏联军方的总结中认为，SVT 的不成功是诸多复杂原因造成的，不能因此否定步兵武器自动化的路线，这其中自然包括战前对狙击步枪半自动化的规划。

SSV 自动装填狙击手步枪竞赛型的波折

☆ 战后苏联在步兵武器弹药上下了大功夫，仅高精度的狙击专用弹药就设计了几种，后来SVD半自动狙击步枪的设计正是围绕其中的7.62×54毫米R规格7N1弹展开的

战后苏军决心恢复被打断的莫辛・纳甘狙击步枪换装计划，但并没有简单地重启SVT-40的生产。作为对战争经验的总结，苏军首先从高精度的专用弹药入手。在经过 2 年时间的论证后，从 1947 年开始，新的狙击弹药开始进入研发阶段，首款弹药弹丸重 12.5 克，采用双弹芯结构。此后又经过大量的弹道试验后，按照初速为 830 米 / 秒，300 米距离 20 发弹散布精度 16 厘米，在 250 米距离可击穿 10 毫米厚均质钢装甲板，于 20 世纪 50 年代中期定型了一款被称为 7N1 的 7.62×54 毫米 R 规格高精度弹药（狙击弹）。其弹头重 9.8 克，是一种尖头船尾全被甲弹头，结构非常特别，采用前钢后铅的复合弹芯，前半部分为钢锥，为了在弹道末段达到最大的打击效果，后半部分填充铅柱（命中目标后，铅柱会挤压钢芯，钢芯压缩前部的弹尖空隙，导致弹头重心移位而发生翻滚，扩大对人体的杀伤效果），全弹重心靠近后方的铅柱，这能尽量减小因为钢芯装配偏心对射击精度的影响。7N1 狙击弹上没有特殊的标志色，但包装箱上有俄语“Снайперские”字样，意为“狙击”。在专用弹药定型后，配套的半自动狙击步枪研制随之展开。虽然最初将 7N1 狙击弹与改进型 SKS 半自动步枪结合起来的尝试失败了，但到了 1958 年，

苏联军方还是做出将PU型莫辛·纳甘狙击步枪停产的决定，同时提出了研发一种全新设计的半自动狙击步枪，即所谓的新型狙击步枪SSV（Snayperskaya Samozariadnaya Vintovka，自动装填狙击手步枪）。要求提高射击精度，又必须保证武器能够在恶劣的环境条件下可靠地工作，而且必须简单、轻巧、紧凑。无疑这些相互矛盾的要求，意味着一个巨大的挑战。但伊热夫斯克兵工厂的设计师叶夫根尼·费奥多罗维奇·德拉贡诺夫却决心接受这个挑战。

1920年2月20日，叶夫根尼·费奥多罗维奇·德拉贡诺夫出生于伊热夫斯克这个以制造轻武器而出名的城市，他的祖父过去就一直在伊热夫斯克兵工厂工作，作为家庭传统，他在伊热夫斯克工业学院学习机械加工技术专业，毕业后便进入到他祖父在沙皇时期工作的同一家工厂工作。此后，德拉贡诺夫在伊热夫斯克兵工厂的工作就是围绕着莫辛·纳甘的各种改进进行的。卫国战争中，德拉贡诺夫应征入伍，战争结束后又回到了伊热夫斯克兵工厂，继续改进莫辛·纳甘步枪。在1940年末至1950年初，他以这种步枪为基础设计了许多运动步枪。他第一个成功的设计是S-49中心发火比赛步枪，苏联射手瓦西里·鲍里索夫在1950年用这种步枪创造了新的世界纪录。此后德拉贡诺夫又继续设计了一系列中心发火或边缘发火比赛步枪，包括MTs-50、MTsV-50、Zenith、Strela、Taiga、CM、Biathlon-7-2、Biathlon-7-3、Biathlon-7-4等，至少设计了27种运动步枪，很多都成为后来苏联运动员夺取各类射击金牌的武器。也正是在这些成绩的激励下，德拉贡诺夫决定按军方要求围绕7N1狙击弹设计一型半自动狙击步枪。一开始，德拉贡诺夫和他的设计小组就明白他们是要研发一种全新的武器，而且他知道必须在两个主要思想中间找到妥协的方法：一方面，为了提高射击精度，他必须首先要减少零件的制造公差，使武器有一定的重量，而且要有比较长的枪管；另一方面，又必须保证武器能够在恶劣的环境条件下简单可靠地工作，而且步枪必须轻巧紧凑。最重要的是要降低导气室内的压力，使自动装填的动作比较柔和，以提高射击精度，但为了提高动作的可靠性，却又必须提高导气室的压力。最终，他们决定参照卡拉什尼科夫的AK47突击步枪的结构展开设计工作。这一决定大大加快了研制进度。1958年年底，德拉贡诺夫拿出了一支与后来的SVD差异很大的样枪。为了方便描述，这支被称为SVD-1958的样枪与后来定型的SVD主要区别如下：SVD-1958的层压胶合板护木上有3个散热

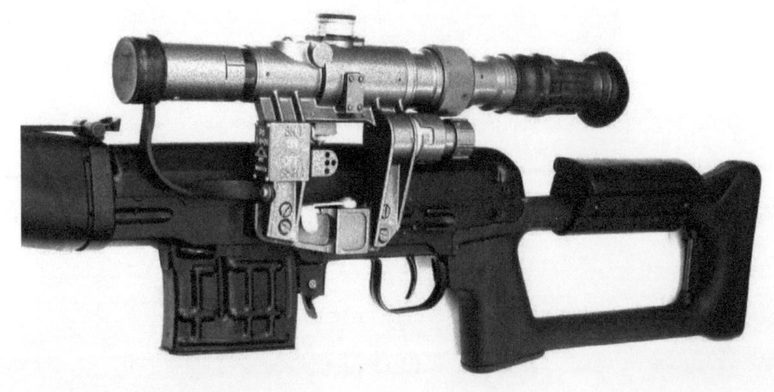

☆ 不可否认，SVD是德拉贡诺夫参照卡拉什尼科夫的AK47突击步枪结构展开设计的结果

孔，而SVD-1963是6个；SVD-1958的枪托上没有贴腮板，导气室的形状也不同于1963型；此外SVD-1958的照门位置在机匣后上方，准星设计直接取自AK-47，枪口也没有消焰器。靶场测试表明，这支枪的精度很高，但可靠性不足，还需要继续进行大量的改进。有意思的是，当时卡拉什尼科夫也在参与SSV竞标，为此制造了两种具有AKM典型特征的样枪，这些特征包括：冲压焊接机匣；机框、导气杆和导气活塞相连；回转式机头采用两个闭锁凸榫；导气箍上没有调节器；直接取自AKM的机械瞄准具等。不过，狙击步枪显然不是卡拉什尼科夫的强项，其两支样枪的打靶测试表现比SVD-1958更差。卡拉什尼科夫很快意识到要赢得这个比赛希望相当渺茫，所以退出了SSV竞标，专心去搞RPK班用机枪的设计工作了。卡拉什尼科夫的退出，令德拉贡诺夫小组在SSV竞标中胜出的概率增大了很多。尽管除了德拉贡诺夫外，当时还有另外两个设计小组也参与了SSV竞标，分别由亚历山大·康斯坦提诺夫（Alexander Konstantinov）和费多尔·巴里诺夫（Fedor Barinov）牵头，但他们的竞标方案与SVD-1958相比差距较大。所以到了1959年，情况已经比较明朗化，德拉贡诺夫在SSV竞标中获胜已经是一件大概率的事情。

不过，正所谓好事多磨。自1956年2月，苏联实用性的P-5型中程弹道导弹研制成功后，各种战役和战略弹道导弹越来越成为赫鲁晓夫开展外交时不断挥舞的大棒。赫鲁晓夫的这种心态到1959年逐步演变成对核力量的痴迷。在各种会议上，他反复强调着导弹核武器的重要性：曾经有过这样的时期，一个国家有多少军队，有多少支步枪，有多少把刺刀，是重要的，但是我们生活在一个新的完全不同的时代，军队、枪支和刺刀的数量已不再是具有决定性作用的了。现在重要的是我们核导弹武器库的数量与质量。我们的国防以及威慑帝国主义侵略的能力，依赖于我们的核能力。正因如此，赫鲁晓夫改变了斯大林时期的军事政策。苏联继续加大马力发展战略弹道导弹。而伴随着战略火箭军的组建和地位的攀升，常规力量自然成为削减的对象，陆军首当其冲，步兵武器的更新换代因此受到了极大的影响。在这种情况下，本来需求急迫的SSV竞标被迫放缓。原因是按照新的苏联军事学说，在大规模毁灭性武器可以使用的背景下，狙击作战这种单枪匹马的模式很难发挥重要的作用。

不过，德拉贡诺夫并没有因为暂时的波折而放弃对SSV竞标方案的改进。他坚信步枪是任何战争形态下最基本的军事工具，这一点并不会因核武器的兴起有所变化。所以SSV竞标的停滞期，反而令德拉贡诺夫有机会对样枪进行细致改进。德拉贡诺夫本身就是一个优秀的射手，对武器射击方面有非常敏锐的触觉，这对于设计一种精确的武器给了他很大的帮助。而这种敏感的其中之一就是护木的构造。卡拉什尼科夫的步枪护木的安装方式比SVD-1958更坚固，枪托是传统式的。枪管节套也是AK式的，因此在射击的时候，手握护木的力量就不可避免地传到枪管上，这样就会影响（降低）精度。德拉贡诺夫的设计比较聪明，他的护木设计并不是直接与枪管接触，而是固定在机匣上的（德拉贡诺夫设计的护木并不直接与枪管接触，而是固定在机匣上的，因此有些资料中称SVD是浮置式枪管。不过SVD护木的前箍仍然不可避免地接触到枪管，因此严格来说，SVD不是浮置式枪管）。但为了提高散热效率，改进后的层压胶合板护木的散热孔，由早期样枪的3个增加到6个。同时，针对精确步枪的射击性质，改进后的样枪还在枪托上加了贴腮板。另外，为了提高在恶劣使用环境下的可靠性，对早期样枪

☆ 1958年的德拉贡诺夫SSV竞标样枪

☆ 1958年卡拉什尼科夫参与SSV竞标的两种样枪

的改进还包括重新设计了导气室的结构，以更好地应对泥沙渗入的情况。苏联一度因过于偏执热核武器的军事学说，在 1962 年 10 月的古巴导弹危机遭遇重创后，开始部分回归理性，重新重视起常规力量的建设。停滞了近 2 年的 SSV 竞标因此得以再次启动，状态已经趋于完善的德拉贡诺夫方案则毫无争议地成为获胜者。事实上，德拉贡诺夫方案样枪的射速是 20 ～ 30 发 / 分钟，而被取代的莫辛・纳甘狙击步枪只有 5 发 / 分钟。德拉贡诺夫方案样枪 4 倍于莫辛・纳甘。而在精度方面，由于是围绕专用高精度弹药进行的专门设计，德拉贡诺夫方案样枪比栓动式的莫辛・纳甘还高。在国家定型测试中，德拉贡诺夫方案样枪在 600 米距离上的散布为 39.5 厘米，相当于在 600 码（约 549 米）距离散布为 14.17 英寸（约 36 厘米），而北约国家对狙击步枪的要求是 15 英寸（约 38 厘米）。要知道，在苏军 SSV 项目的规划中，SSV 的竞标获胜者将装备到班一级部队，士兵要接受针对该武器的专门训练，和整个班一起行动，目的是延伸整个班的有效射程至 600 米或更远，以弥补 AK47 或是 AKM 远距离精度火力不足的情况。甚至于还要求在准星座下方装一个刺刀座，以安装刺刀。从这个角度来讲，作为 SSV 竞标获胜者的德拉贡诺夫方案定位更接近于西方的精确步枪概念，但精度却更高，基本达到了西方对所谓狙击步枪的入门标准。于是在 1963 年，其方案以 SVD（Snayperskaya Vintovka Dragunova，缩写 SVD。意为德拉贡诺夫自动装填狙击步枪）的型号正式投入生产，并在经过进一步的部队试用后，于 1967 年大量装备苏军部队。

SVD 的结构特点

作为世界上第一支专门设计的狙击步枪，SVD 的结构十分特别。其基本构造是一支短行程导气式活塞运作半自动步枪。枪管的末端为左旋滚转枪机供弹，枪机上只用三个锁耳进行闭锁，定位于药室后方。SVD 的制式弹匣为双排 10 发弹容量，外加棋盘式肋条增加强度；一如所有的半自动枪支一样，在最后一发子弹完成击发与抛壳之后，SVD 弹匣内的托弹板会将枪机与枪机拉柄固定在拉柄导槽后方。SVD 的撞针击槌为传统扭力簧击槌，击槌待命之后，两段式保险即可启动。SVD 的机匣（receiver）已经进行过特别加工，以提高精准度并且加强抗粗暴环境下的使用。SVD 的枪托设计是把一般的木制枪托握把的后方及枪托的大部分都镂空，既减重量，又能自然形成直形握把，枪托抵肩的质心也比较接近枪管轴心线，能更好地控制枪口上跳。在枪托上有一个可拆卸的贴腮，枪托长度不可调。后来生产的 SVD 改用玻璃纤维复合材料枪托。SVD 的扳机护圈较大，士兵戴棉、皮手套也可射击。SVD 标配的瞄准镜是 4×24 毫米的 PSO-1 型，瞄准镜全长 375 毫米，视场 6°。虽然 PSO-1 瞄准镜的放大倍率只有 4 倍，但射程调节螺帽可以将弹道修正到 1000 米（误差 ±1 米），

☆ SVD与AK系列一样有着巨大的防尘盖板、高耸的准星与滑轨式照门，甚至连保险钮都几乎如出一辙

加上瞄准镜的分划板上还有三个距离分划，每个分划100米，所以SVD的最大射程可达1300米。瞄准镜上有光源和电池，夜间可以照亮分划板，另外还有一种可以旋转安装上瞄准镜的红外滤光器，用于在夜间射击时过滤外部红外光源，但瞄准镜本身没有夜视能力。由于SVD的机匣就是AK式的，因此瞄准镜的安装座只能装在机匣左侧。

事实上，从外观上来看SVD常常引起误会，甚至被认为是AK-47突击步枪的狙击版。因为SVD与AK系列一样有着巨大的防尘盖板、高耸的准星与滑轨式照门，甚至连保险钮都几乎如出一辙。但由于SVD发射的是7.62×54毫米R型凸缘弹，而且威力比AK47配用的7.62×39毫米M43弹大得多，因此枪机机头要重新设计，并强化以承受高压。不过由于只能单发射击，所以击发和发射机构比较简单，主要零件是击锤、单发杠杆以及靠机框控制的保险阻铁，有单独的击锤簧和扳机簧。另外，为了提高精度，虽然机框后坐时的开锁原理与AK相同，开锁后的一切抛壳、复进、装填动作也与AK基本相同。但SVD的导气活塞与AK47的不同，AK47的活塞与枪机框形成一个整体，而SVD采用短行程活塞的设计，导气活塞单独位于活塞筒中，在火药燃气压力下向后运动，撞击机框使其后坐，这样可以降低活塞和活塞连杆运动时引起的重心偏移，从而提高射击精度。同样是出于提高精度的目的，德拉贡诺夫还在SVD的设计中采

☆ SVD标配的4×24毫米PSO-1型瞄准镜

取了其他一些措施。比如护木设计并不是直接与枪管接触，而是固定在机匣上的。枪管前端有瓣形消焰器，长 70 毫米，有 5 个开槽，其中 3 个位于上部，2 个位于底部。这样，从消焰器上部排出的气体比从底部排出的多，实际效果是将枪口下压，从而在一定程度上减轻枪口上跳。另外消焰器的前端呈锥状，构成一个斜面，将一部分火药气体挡住并使之向后，以减弱枪的后坐。当然，在苏联军方 SVV 的竞标中，对可靠性同样提出了很高的要求。而早期 SVD-1958 样枪最大的问题就在于可靠性不佳。为了解决这个问题，在对样枪的改进中，德拉贡诺夫的解决办法是在导气管前端的气室有一个气体调节器，用来调整火药燃气的压力。在平常环境及保养良好的情况下，调节器设在“1”的位置上，但当使用环境恶劣或无法正常保养，造成导气管积碳过多，影响正常操作时，可以将调节器设在“2”的位置上，增加推动活塞的压力。值得注意的是，作为对 SVT 失败教训的总结，SVD 的导气装置和枪膛均镀铬，具有良好的耐蚀性且易于清洁，可维护性因此大大提升。其配用的多功能刺刀，既可用于白刃战，也可用于剪切铁丝和锯钢条，及作为士兵野外生存的辅助工具。

☆ SVD的公众口碑与业内口碑截然相反

☆ 装有LPS钢芯普通弹头的7.62×54毫米R弹

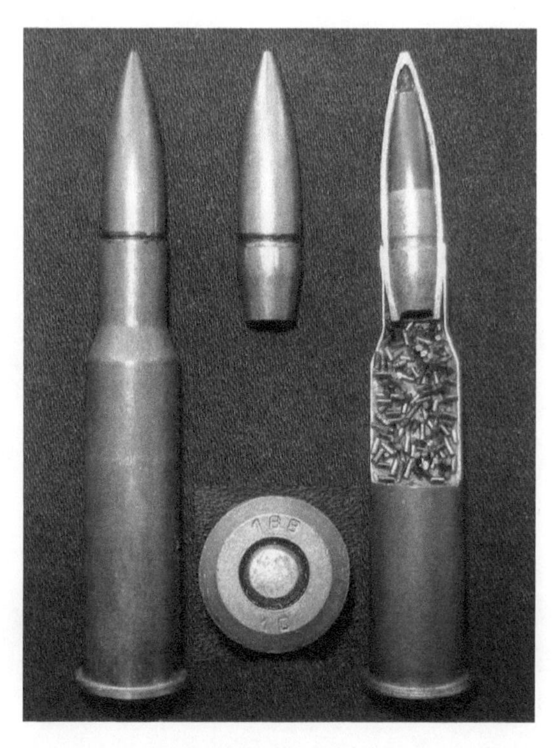

☆ 采用复合弹芯结构的7.62×54毫米R7N1高精度狙击弹剖面

需要指出的是，作为世界上第一支专

门设计的狙击步枪，尽管业内对SVD给予了高度评价。但SVD在全世界扩散范围大，又被多国仿制，其在公众中的口碑并不理想。其他对SVD进行仿制的国家情况也大多如此，甚至一些获得苏联原版SVD的国家军队，对SVD的精度也十分失望。造成这种情况的原因是多方面的，但主要原因却十分简单明了——那就是并不匹配的弹药。从理论上来讲，SVD可以发射所有7.62×54毫米R规格弹药。而7.62×54毫米R规格弹药又是一个庞大的家族。如装有LPS钢芯普通弹头的7.62×54毫米R弹、装有改进型B-32穿甲燃烧弹头的7.62×54毫米R弹、装有增强侵彻弹头（PP）和穿甲弹头（BP）的7.62×54毫米R弹、装有T-46/T-46M曳光弹头的7.62×54毫米R弹、装有BT穿甲曳光弹头的7.62×54毫米R弹、装有PRS低侵彻弹头的7.62×54毫米R弹。这些7.62×54毫米R弹又有很多细分的型号。以装有LPS钢芯普通弹头的7.62×54毫米R弹为例。二战时苏军装备的7.62×54毫米R普通弹分轻尖弹和重尖弹两种，两者都是全被甲弹，其中轻尖弹配发步枪、卡宾枪和轻机枪，弹头较短，没有船尾形，弹头底部有锥坑，这样在发射时由于燃气压力弹底会略微扩张紧贴膛线提高闭气效果；重尖弹配发重机枪，

☆ SVD的射击精度与采用何种弹药密切相关

☆ SVD只有在苏军作战体系中才能发挥应有的作战效能

弹头较长较重，为尖头船尾形状，远距离存速性能较好。为了在外观上区分这两种弹，重尖弹弹尖涂成黄色。二战结束后的 1953 年，为简化功能近似的弹种，苏联设计了一种折中的 LPS 钢芯普通弹头，该型弹头为类似重尖弹的尖头船尾形，但重量等同于轻尖弹，为 9.6 克，弹道性能也近似轻尖弹，内部为被甲、铅套、钢芯的三件套结构，钢芯材料是普通软钢，比老式铅芯弹成本更低。这种装有 LPS 钢芯普通弹头的 7.62 × 54 毫米 R 弹投产后，步枪、轻重机枪普通弹种统一，不再区分轻尖弹和重尖弹。我国生产的装有 LPS 钢芯普通弹头的 7.62 × 54 毫米 R 弹，就被称为通用 53 式 7.62 毫米机枪弹。在 79 式、85 式 7.62 毫米狙击步枪仿制成功后，使用的就是这种 53 式 7.62 毫米机枪弹。同样，在世界其他地区，无论是仿制生产的 SVD 还是原版 SVD，也大量使用各种普通规格的 7.62 × 54 毫米 R 弹药。但问题在于 SVD 在设计中，是围绕高精度专用弹药进行优化的。SVD 早期设计的缠距为 320 毫米，后来才缩短到 240 毫米，这样的改变使发射普通弹时精度很差，并使枪口初速从 830 米 / 秒降低到 810 米 / 秒。这样做主要是为了配合 7N1 这类专用弹药所需要的最大自转速度，以提高发射专用弹药时的弹道性能。SVD 发射 7N1 弹时初速仍为 830 米 / 秒。也正因为如此，这解释了为什么 SVD 的公众口碑与业内口碑截然相反——由于扩散范围大，非苏军手中的 SVD 实际上是在脱离了原先设计的军事体系环境中被“不正确”地使用。

改进与衍生

☆ 木制部件被替换为黑色聚合物部件的SVD

1963 年试投产，1964 年开始在伊热夫斯克的伊茨玛希机械厂量产，1967 年大规模列装部队的 SVD，在漫长的服役过程中经历了大量的改进。比如 SVD 的早期版本使用镂空的木制枪托、握把和护木。尽管这些木制部件与金属组件搭配呈现出工艺上的美感，但是在光源昏暗，以及面对使用夜视镜的敌人时，这些木制部件会呈现出强烈的对比反差，使射手位置遭到暴露，所以这些木制部件已被替换为黑色聚合物部件，以减轻重量、降低成本、减少被发现的机会。在 1979 年开始的苏联入侵阿富汗战争中，SVD 成为侵阿苏军步兵分队的基本火力。但战场实践也暴露出 SVD 狙击步枪的一些缺点，其中较为突出的就是长度太长。SVD 狙击步枪全长 1220 毫米，而且枪托是固定的，不能折叠，士兵携带这样长的一支步枪进出装甲输送车、步兵战车和运输直升机不方便。为此，苏军提出应当研制一种长度缩短的 SVD 改进型狙击步枪，以适应搭乘车辆和直升机的使用环境。由于德拉贡诺夫性格保守谨慎，加上年事已高，根据他的理解，狙击步枪是强调精度的武器，如果使用折叠枪托，由于枪托稳固性不如固定枪托，对射击精度不利，所以德拉贡诺夫提出的改进方案仅仅是将 SVD 狙击步枪的枪管长度缩短，其余结构基本没动，这样的改进没有获得苏联军方的认可。

一直到 1994 年，此时苏联已经解体，德拉贡诺夫也已于 1991 年去世，由德拉贡诺夫的弟子阿扎里·涅斯捷罗夫牵头，对 SVD 狙击步枪的结构做大刀阔斧的改进，以牺牲一定射击精度为代价，设计了 SVDS 狙击步枪。与 SVD 比起来，SVDS 最主要的区别在于枪托，摒弃了 SVD 与握把连为一体的固定式枪托，改为三角形折叠式枪托，枪托上仍然有贴腮板，并加装了独

☆ 可折叠枪托的SVDS

立小握把。SVDS 枪管长度有 620 毫米的步兵型和 565 毫米的伞兵型两种，但俄军选择了后一种，所以批量生产的 SVDS 狙击步枪枪管长度都是缩短的 565 毫米。与 SVD 比起来，SVDS 的枪管短了，原 SVD 枪口鸟笼式消焰器也改了，变成了一个短小的喇叭口消焰器。SVDS 设计成功后，获得了俄军的肯定，并大量生产装备俄军部队，主要装备伞兵、侦察兵、摩托化步兵等对枪械紧凑性要求较高的兵种。SVDS 虽然通过枪托折叠的方式缩短了携行长度，但还是偏长，在一些特殊场合如城市战斗中还是不方便。为了进一步缩短长度，俄罗斯还设计了一种更短的 SVU 步枪，它本质上还是 SVD 的衍生型号，只是改进更加大胆，改为无托布局，在保证 520 毫米枪管长度的前提下，全枪长度压缩到 870 毫米。虽然 SVU 是基于 SVD 的基本结构设计的，有 40% 的零件通用，但该枪不是德拉贡诺夫的作品，此时他已经去世，而且 SVU 在俄军中的地位也不是狙击步枪，而是多用途战术步枪，可用于室内近战等多种场合。为了适应这些多用途环境，SVU 的枪口有一个消音 / 消焰器，在室内射击时能稍许抑制 7.62 × 54 毫米 R 大威力步枪弹的声音和火光，更令人吃惊的是 SVU 有两个产量更大的改进型 SVU-A 和 SVU-AS，它们是可以连发的!

SVDK 是苏联解体后出现的另一种重要的 SVD 衍生型号，发射一种特别的 9.3 × 64 毫米 7N33 步枪弹。口径大于 7.62 毫米，但小于 12.7 毫米的大口径狙击步枪目前并不罕见，比如 .338 拉普 - 马格南步枪弹（马格南的意思可以理解为放大、加强）就在西方国家的高精度狙击步枪上有较为广泛的运用，该弹初速、动能、弹头存速性能都比 7.62 × 51 毫米 NATO 步枪弹更好，更适合远距离狙击。但俄罗斯 SVDK 狙击步枪的 9.3 × 64 毫米 7N33 步枪弹设计目标与 .338 拉普 - 马格南步枪弹不同，并不是为了远程精确射击，而是为了穿甲，用来对付日益普及的高等级防弹衣和防弹插板，其有效射程定得不高，只有 600~700 米。如要比远距离射击，9.3 × 64 毫米步枪弹的有效射程和精度远不如 .338 拉普 - 马格南步枪弹。这种 9.3 × 64 毫米 7N33 步枪弹是以俄罗斯国内流行的 9.3 × 64 毫米狩猎步枪弹为基础研发的。9.3 × 64 毫米狩猎步枪弹原本是铅芯弹头，改为军用弹后为突出穿甲性能，变成了类似 7N1、7N14 狙击弹的钢 - 铅复合弹芯，前半部分有一个钢锥，硬度很高，后半部分填充铅柱，弹头重约 16.5 克，用 SVDK 狙击步枪发射初速 770 米 / 秒。而 SVDK 狙击步枪基本就是折叠托的 SVDS 狙击步枪等比例放大，采用尺寸更大的自动机承受 9.3 × 64 毫米 7N33 步枪弹的高膛压，由于枪身重，后坐力大，枪托上增加了很厚的橡胶缓冲垫，并增配了两脚架，用于卧姿射击。按照俄军最初的想法，SVDK 可用来对付穿着重型防弹衣的有生目标，也能作为轻便反器材步枪使用，但这个口径有点高不成低不就，论反人员明显过于杀伤，论反器材又不如 12.7 × 108 毫米口径的专用反器材步枪，所以 SVDK 和 9.3 × 64 毫米 7N33 步枪弹只停留在测试阶段，并未大批量装备。除了 SVDK 外，还有一种 SVD 衍生型号被称为 SVDM。主要特点是采用加厚的重枪管，

☆ SVD（上）与SVDS（下）

☆ SVU-A全自动步枪

☆ SVU-AS全自动步枪

☆ 发射9.3×64毫米7N33步枪弹的SVDK多用途精确步枪

机械瞄具的准星向后移动到导气箍位置，机匣盖与机匣连接方式加强，便于在顶部安装皮卡汀尼战术导轨，枪托贴腮板改为高度可调式。

结语

☆ 今天，SVD仍然是俄国军队不可或缺的步兵分队火力

苏联军队对狙击作战有着独特的理解。这种理解经过漫长时间的沉淀和发酵后，最终在20世纪60年代结出了非同寻常的果实。这就是世界上第一支专门设计的狙击步枪——德拉贡诺夫SVD半自动狙击步枪。事实上，SVD为狙击步枪的历史翻开了崭新的一页，其影响则在今日仍然不断回荡……

第 8 章

精密为王——德国布拉塞尔 R93 模块化狙击步枪

☆ 布拉塞尔R93模块化狙击步枪深度体现了德国在精密工业技术上的强大能力

在步兵武器中，狙击步枪的精密性最高。或者说，狙击步枪是最为精密的步兵武器。这种情况早在人类进入工业时代之初便已经存在，并随着人类工业能力的发展不断地加以深化。也正因为如此，如果说高性能狙击步枪考验着一个国家的工业能力，那么以精密工业技术见长的德国人，在狙击步枪领域成就非凡便绝非偶然——布拉塞尔 R93 模块化狙击步枪正是这样一种代表性作品。

德国以发达的精密工业著称于世。同时，德国军队又有重视狙击作战的传统。这两者相结合，令德国在现代狙击步枪领域独领风骚。早在第一次世界大战中，大量加装高质量瞄准镜的毛瑟 G98，就在堑壕战中大出风头，令协约国苦不堪言；第二次世界大战中，作为毛瑟 G98 狙击步枪的升级换代，加装高质量瞄准镜的毛瑟 98K，继续书写着战场传奇。第二次世界大战结束后，虽然作为战败国的德国一度被剥夺了发挥军事工业的权力，国家也被分裂为东西两部分，但这种情况并没有持续很长时间。由于冷战的政治需要，东德与西德很快就被允许进行重新武装，曾经发达的军事工业再次运转起来。至冷战结束，两个德国重新归于一个版图之下，精密工业的优势随着国家的统一进一步突出，这种优势反映在现代狙击步枪领域，则是精品层出不穷。比如 HK 公司在 G3 步枪的基础上开发的 PSG-1 精确射击步枪，虽然是一支半自动步枪，但因为控制得极其严格的制造公差，每一支步枪都能在 300 米距离上持续射击 50 发子弹，而弹着点散布在直径 8 厘米的范围内（相当于 1 MOA）。这一指标甚至超过了很多栓动狙击步枪的水平，以至于号称世界上最精确的半自动步枪。德国现代半自动狙击步枪已经达到了这样的程度，那么栓动狙击步枪的情况也就可想而知了。

☆ 布拉塞尔R93被认为是世界上精度最高的狙击步枪

不寻常的枪机设计

在电影《红海行动》中，狙击手顾顺一个人用一支狙击步枪就压制了整个迫击炮阵地。顾顺所用的狙击步枪外形帅气，精度极高，尽管在此前的电影中并不多见，但在业内却拥有极高的声誉，是真正行家里手的选择。这就是德国布拉塞尔 R93 模块化狙击步枪。布拉塞尔 R93 首先在结构上是很有特点的栓动步枪，不但采用了完全浮制式枪管，最大限度地保证射击的一致性，其枪机结构更是特别。布拉塞尔 R93 虽然是栓动单发狙击步枪，但是发射完一发子弹后，直接推动枪栓向前，不是传统的旋转后拉式，这是 R93 最大的特点，可以说是所有栓动狙击步枪中，唯一一支采用直推式枪机的狙击步枪。传统旋转后拉式栓动步枪的典型循环方式是，从开栓状态开始，先推枪栓到前止点，将一发子弹从弹匣送入枪膛，之后向下压栓柄，旋转枪栓使得闭锁凸榫咬合枪膛或机匣，完成闭锁。之后扣动扳机击发。击发后先向上扳动栓柄开锁，之后向后拉栓到后止点把空弹壳从膛里抽出并通过抛壳窗抛出，回到开栓状态。而直推式栓动步枪，本质上则是让枪栓前后运动的同时开、闭锁，因此不需要额外手工旋转枪栓来开、闭锁。相比传统的旋转后拉式枪机而言，直推式枪机有其无法比拟的优势，少去了一个旋转的动作，直接推动上膛，让射手操作枪机节省更多时间，让头部始终保持瞄准状态，拉动枪机不影响射手的持枪动作。不但有利于解决栓动式步枪的射速问题（布拉塞尔 R93 的射速接近于半自动步枪），更因为枪机只在枪身上做往复的直推式动作，无须担心同心度，令提升精度成为可能。

当然，直推式枪机的具体实现方式各有不同。这类步枪的结构关键在于旋转槽，回转闭锁的原理就像是高压锅盖，需要旋转卡住。问题的关键就在于将枪栓的直线运动转变为旋转运动，这就要用到旋转槽。比如奥地利曼利夏 M1886 步枪的枪机上有一个绕轴旋转的闭锁卡铁，在闭锁时，受到枪机后端闭锁块的挤压，闭锁卡铁会向下旋转卡在机匣上，开锁时将枪机向后拉，闭锁块也从闭锁卡铁上脱离，没有了闭锁块支撑的闭锁卡铁从闭锁槽中脱离，完成开锁。以布拉塞尔 R93 为代表的套爪闭锁则是另一个典型，这种闭锁方式也被形象地称为章鱼闭锁。其枪机上有一圈可以张开的闭锁片，闭锁时闭锁片被枪机撑开，卡入枪管节套中完成闭锁。具体来说，布拉塞尔 R93 栓头有一圈共 13 个闭锁凸榫，当推栓柄（其实是枪机组柄，拉柄并不直接和枪栓连接）到最前时，栓头深入枪管，枪机组最后一段行程把闭锁凸榫张开楔入枪管行成闭锁；而向后拉枪机柄时，最前一段行程将上述一周环形布置的闭锁凸榫向内收缩，完成开锁，之后继续向后拉枪栓完成抽壳抛壳过程。事实上，布拉塞尔 R93 的章鱼闭锁是一项创新性的设计，由

☆ R93可以说是所有栓动狙击枪中，唯一一支采用直推式枪机（straight push bolt action）的狙击步枪

☆ 在步兵武器中，狙击步枪的精密性最高。或者说，狙击步枪是最为精密的步兵武器

于采用了套爪闭锁，所以对于枪机的强度要求有所降低，枪身重量自然也随着降低，这样更便于使用者操作。而且这种闭锁方式比传统的闭锁凸榫受力面积更大，从而提高了闭锁的强度同时，增加了使用寿命。另外，由于枪机可在导轨上做浮动的自由运动，便于准确定位在中心位置，减小了枪机各个零件之间的摩擦力，进一步提高了 R93 的射击精度。在对 R93 的射击测试中，500 码（约 457 米）距离，5 发子弹只有 1.4 厘米的误差，如果使用专用狙击弹，精度误差可以降到 1 厘米以内

（相当于 0.25MOA），被认为是世界上精度最高的狙击步枪（有可能是之一，但更可能是唯一）。当然，要将这种设计的理论优势发挥出来，关键在于材料和制造、装配工艺的精密性，但这恰恰是德国人所擅长的。

☆ 以精密工业技术见长的德国人，在狙击步枪领域成就非凡

☆ 由于特别的直推式枪机，布拉塞尔R93的射速接近于半自动步枪

不同口径的模块化设计

布拉塞尔R93狙击步枪另一个不寻常且出众的特点在于，这是一支模块化步兵武器，可以通过更换枪管等部件，实现对不同口径弹药的兼容。模块化设计是运用系统工程的原理，将复杂的工程产品分解成层次合理的、相对简单的、系列化、标准化单元模块，用这些模块组合成各种不同产品。模块化设计是以功能分析为基础，通过功能、用途不同的各模块的互联组合实现基型产品和变型产品。在枪械设计领域，模块化不是多新的概念。AR步枪之父——斯通纳早在1963年就推出了斯通纳63模块化枪族。它有一个通用的机匣，然后通过不同的枪管、供弹具、枪托等模块将其在突击步枪、自动步枪、短突、轻机枪、中型机枪之间切换角色。当然，当年这种模块化的思路还太过于超前，而且当时美军刚装备M16自动步枪，下一代齐射步枪计划也正在研发中，对斯通纳这批5.56毫米的枪族并不买账。但在进入21世纪之后，诸如XM8、SCAR之类的模块化步枪又卷土重来。枪械模块化主要的特点就是可以按不同作战需求而选用不同的模块。比如SCAR有各种不同长度的枪管可以选择，当今天任务是巷战踹门，就换10寸的短枪管（CQC），方便在室内近战。如果今天是山地战，那就换根长枪管，子弹初速更高，有效射程更远。模块化真实的含义是为了解决一枪多用、一枪多能的问题。这意味着，模块化肯定不只是换枪管那么简单。其他还包括换扳机组（触发力较小，两道火触感明显的扳机适合用于准射步枪）、枪托（可收拢式枪托轻便，适合特战携行和近距离作战；带可调托腮板的枪托适合准射），还有上下机匣、口径、枪机的更换，甚至也能让枪改变发射的弹种。

比如瑞士的SIG 556Xi步枪。这种步枪不仅包含了模块化设计的所有优点，还可以使用美、俄两国不同口径的弹药。就是说SIG 556Xi步枪既可以使用美国的5.56毫米口径步枪弹，还可以通过替换下机匣、枪管、枪机使用俄国的7.62毫米口径步枪弹。或许有人会说现在没有国

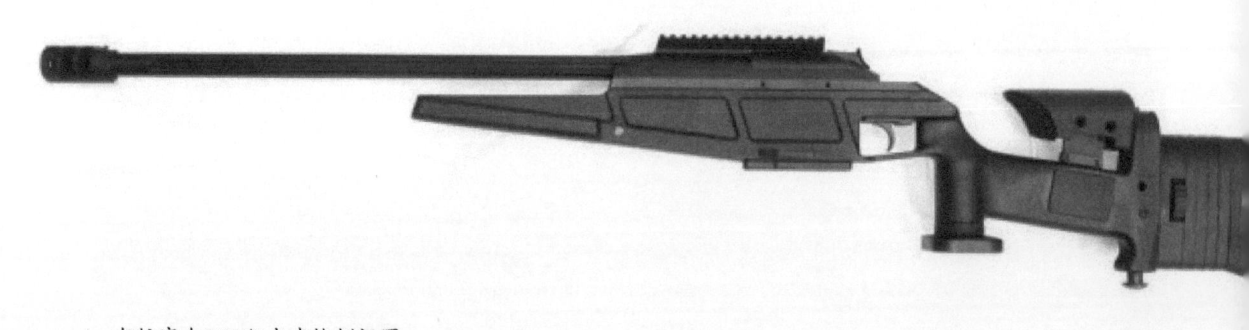

☆ 布拉塞尔R93狙击步枪侧视图

家会缺子弹了，为什么要用这种两用步枪？要知道这种设计会加大枪械零部件的制造难度，这会增加枪械的制造成本。两用设计虽然会增加步枪的制造成本，但带来的好处却更多。因小口径枪弹有初速高、击中人体后易翻滚产生空腔、重量轻可以携带更多的子弹等优点，所以现在有能力的国家都采用了小口径枪弹，如美国的枪弹口径是 5.56 毫米，俄国的是 5.45 毫米。虽然小口径枪弹优点多，但是与以前使用的中间威力型枪弹相比射程较近。如果在开阔的环境下对射，小口径枪弹会被中间型枪弹压着打。还有一个优点就是应对突入敌后的士兵用完了自己携带的弹药，可以自己改变步枪口径，就地获取弹药补充。两用步枪口径的选择一定要使用较广的，瑞士的 SIG 556Xi 步枪可以采用 7.62 毫米俄系枪械口径是因为鼎鼎大名的 AK47。AK47 造价便宜，威力大，性能好，一直受到许多国家的喜爱。所以 AK47 所使用的 7.62 毫米口径枪弹十分常见，补给会很方便。枪械模块化除了带给枪械功能上的多样化外，也能降低枪械的维修成本。哪个模块坏了就换哪个，甚至在枪械研发制造阶段就能由多个企业分工完成不同的模块部分，最后简单组装起来就行，如果在使用中需要增添或者修改某种功能，也只需要针对相应的模块重新设计就行。当然，这个前提是制造公差得控制得很好。模块化设计所依赖的是模块的组合，即结合面，又称为接口。显然，为了保证不同功能模块的组合和相同功能模块的互换，模块应具有可组合性和互换性两个特征。这两个特征主要体现在接口上，必须提高模块标准化、通用化、规格化的程度。意味着对材料和制造工艺极高的考验。也正因为如此，虽然在步枪、机枪领域，按照模块化思路进行设计的型号已经成为一种潮流，但在极为讲究精密性的狙击步枪上却很少有人敢于尝试。布拉塞尔 R93 是极为罕见的一个例外。

☆ 虽然在步枪、机枪领域，按照模块化思路进行设计的型号已经成为一种潮流，但在极为讲究精密性的狙击步枪上却很少有人敢于尝试。布拉塞尔R93是极为罕见的一个例外

由于布拉塞尔 R93 的闭锁过程在枪管中完成，因此为更换不同口径的枪管创造了条件。为了满足不同作战需求，提高军事用途，R93 有多达 17 种不同口径的枪管用来更换，满足发射各种不同口径的弹药，从 7.62 毫米、5.56 毫米这样的常规口径到 6 毫米、6.5 毫米、8.59 毫米这样的非常规口径都涵盖在内，如 .300、.308（7.62 × 51 毫米 NATO）、.338、.223（5.56 × 45 毫米

抬起枪机机框上的限位按钮，此限位按钮的用途是将枪机限制在枪机框中，枪机头更换完成以后，再按下限位按钮就可锁定。而该枪也是唯一一支STD-M1903导轨和枪管结合在一起的狙击步枪，装上瞄准镜后更换枪管无须再次归零，维护十分方便。事实上，可发射不同口径、规格子弹的模块化设计，极大地拓展了布拉塞尔R93作为一支狙击步枪的使用价值。比如.308口径温彻斯特步枪

☆ 布拉塞尔R93可以通过简单更换枪管等部件，实现对不同口径弹药的兼容

NATO）等（包括标准弹药，也包括马格南弹药）。其枪管设计由两颗7毫米（0.28英寸）六角螺丝固定，更换枪管十分方便，只需要使用扳手将两颗六角螺丝扭松更换后扭紧即可。据说有经验的人可以在不超过60秒内转换其枪管，不过这需要两根枪管上都没有装上光学狙击镜或两根枪管都装上光学狙击镜。当然，当布拉塞尔R93更换马格南口径的枪管时，还需要更换枪机头和弹匣。更换枪机头的时候，只需要弹，在有效射程低于900米或不需要对付硬目标时表现非常突出。它的有效射程仅有720米，但在战斗中，狙击手能够成功对900米外的软目标实施打击，如果敌人身着防弹衣时，使用该步枪弹的效果就非常不理想了；.300口径温彻斯特马格南步枪弹精度也非常高，可以在900~1200米的射程范围内射击目标，虽然它的后坐力比.308子弹要大。该弹在1200～1250米距离上，其速度会降低到音速以下。在此位

置上，该弹的存能与 .308 口径子弹在 900 米位置上大体相当。顶级狙击步枪都会将 .300 口径作为备选弹种，以满足狙击手提出的能向 1200 米外的目标实施精度射击的要求；.338 口径拉普阿马格南弹最初是在 20 世纪 80 年代专门为海豹突击队研发的满足远距离狙击作战的，有效射程达到了 1350~1600 米，在 1600 米射程上仍能保持超音速，并且其弹道系数为 0.675，它比 .308 口径和 .300 口径子弹更重、更强大。最直观的是，.338 拉普阿马格南弹在阿富汗战场有优良表现，创造过 2620 米的距离狙击纪录。在以往没有一支狙击步枪能够将这些高精度比赛级狙击弹药的优点充分发挥出来，同时规避它们的缺点，而布拉塞尔 R93 则改变了这一切。

以精密为基础的精致

以精密为基础的精致，是布拉塞尔 R93 狙击步枪再一个醒目的特点。比如其扳机机构设计同样充满新意，最大特点是没有传统设计中的阻铁，击发时只需很小的抠力去扣动扳机即可实现击发；布拉塞尔 R93 狙击步枪虽然能够换装 17 种不同类型的枪管，但无论是哪种口径的枪管，每一根都严格按照制造公差精选，并且经过测量仪器精确测量，而且为了保证内壁的高度均匀一致，连镀铬处理都被放弃了。包括消焰制退器也经过铰孔加工，以消除偏心误差提高精度。再比如，布拉塞尔 R93 的保险机构位于枪机尾部，通过一个保险滑块的前后移动实现保险的锁定和解脱。虽然共有 3 个保险位置，但实际上却只有 2.5 个位置最合适。保险滑块置于上方时，步枪处于待发状态，枪机尾部会有一个很大的红点显示出来。轻轻按下保险滑块使其向下进入保险位置，这时就会覆盖红点。处于保险位置时，枪机、扳机和击发装置都会被锁定，此时拉机柄无法拉动以防止意外击发。为了解除枪机被锁，保险滑块需要被压向前方直至弹簧复位。保险解脱后，向后拉拉机柄会同时解脱枪机保险。将弹药推进膛室以后，同样可以按压保险，使击发装置处于安全锁定状态。布拉塞尔 R93 的自由浮置式枪管是通过钢制的大型枪管节套固定在机匣上，外表面有纵向长形凹槽，这样的设计，可以在减轻重量的同时，还能够保持非常好的刚性，并且还设置了凹槽，因此可以提升散热效率。布拉塞尔 R93 前置枪托位置设置了大量的散热孔，可以起到快速给枪管降温的作用，并且内部还预留了一个独特的战术配件电线管理系统，因此可以安装其他的相关部件。设置了前置枪托的目的还有一个原因就是可以减少枪管发热。事实上，大家看下炎热的地面就知道，有热空气上升就会造成影像产生扭矩，类似于海市蜃楼原理，会对目标的判断产生比较大的影响。布拉塞尔 R93 狙击步枪的精致由此可见一斑。在布拉塞尔 R93 机匣的顶部跟前托的顶部，设计有一个 MIL-STD-1913 战术导轨，这个导轨可以安装日间／夜间

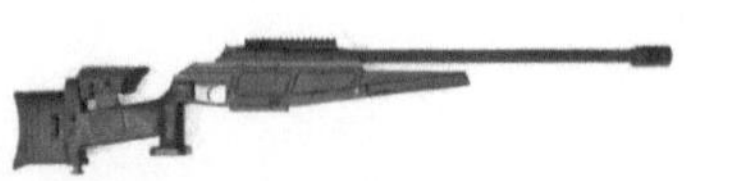

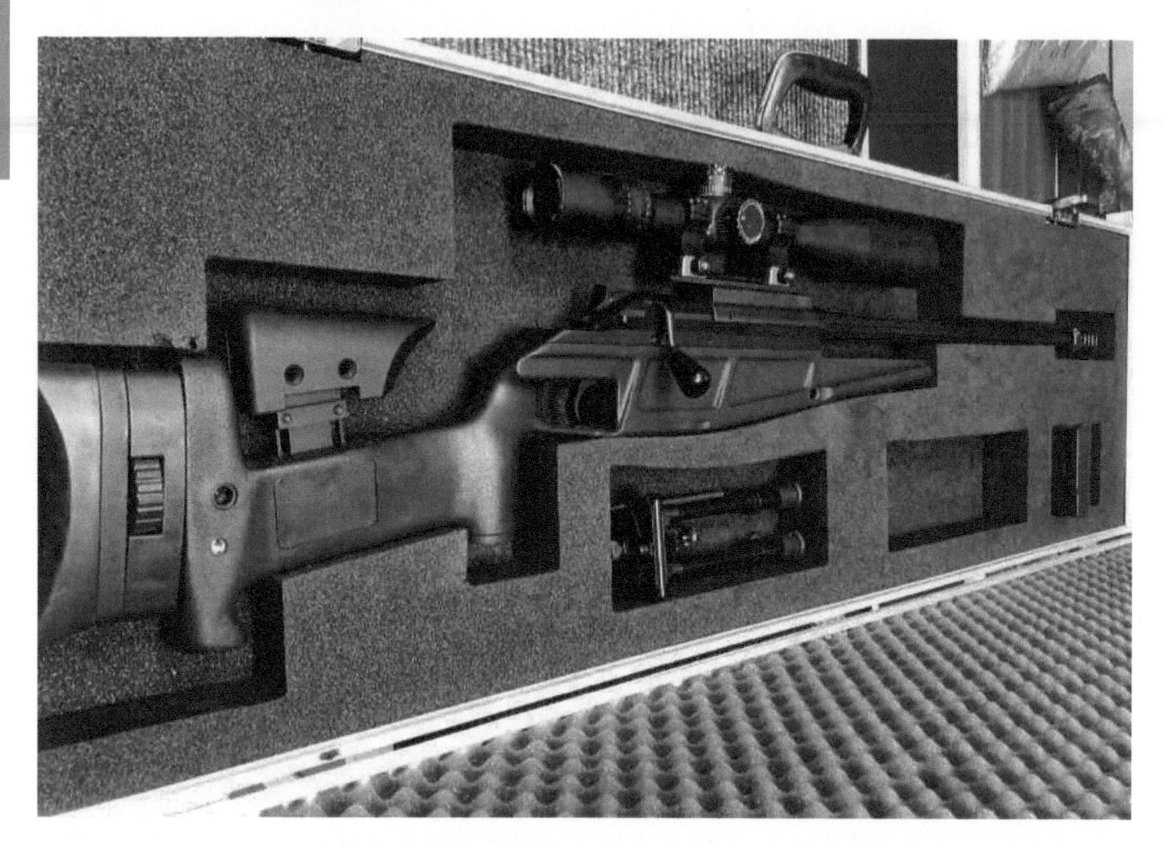

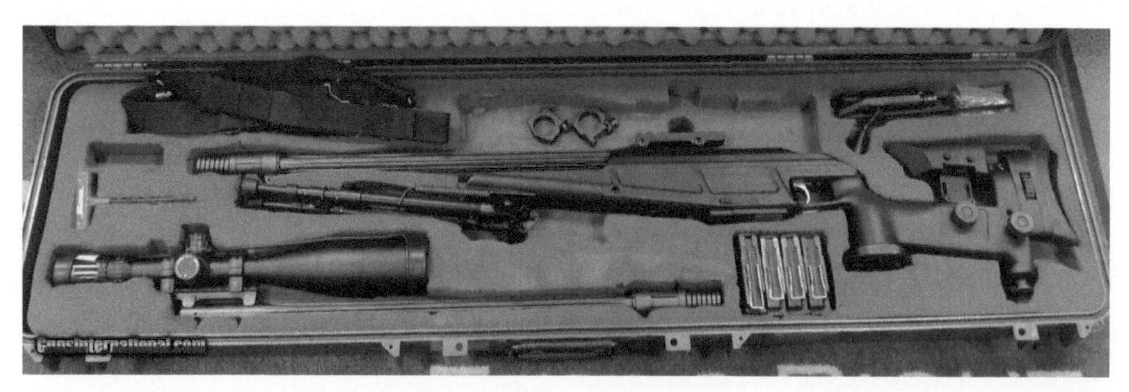

☆ 布拉塞尔R93狙击步枪不仅精密而且精致

光学狙击镜及其他辅助瞄准装置，除此之外，还预留了安装其他比较高端的光学或者是电子器件的连接点，其拓展性非常出色。布拉塞尔R93的精致还体现在枪托可以进行多种调节，让狙击手舒适操作。贴腮板表面覆盖了人造皮革，这样避免了寒冷环境中的不愉快接触。贴腮板的高度和角度可以进行无级调节，这在军用枪械中非常罕见。为避免射击时无级调节机构发生松脱，其夹紧表面都覆盖了防滑涂层。枪托底板调节幅度为40毫米，如果有必要，可以通过增加10或20毫米适配块来进一步调节枪托长度。另外，在电影《红海行动》中，狙击手顾顺使用的布拉塞尔 R93 还罩上了一层纱网式的东西，这层防光栅可以直接套在瞄准镜上，也可以安装在瞄准镜上，采用金属、纤维等材质，其作用是防止反光，可以帮助狙击手摆脱强光下的眩晕感，有效控制了光线衍射，在沙漠、雪地等强光环境中进行狙击作战时，既不影响观察瞄准，又解决了反光难题。这从一个侧面同样体现出布拉塞尔 R93 狙击步枪以精密为基础的精致。

☆ 布拉塞尔R93复杂而精致的枪托设计

结语

以精密性的角度来看，一支高质量的现代化狙击步枪至少要符合下列四大条件：一是可使用性。高质量的现代化狙击步枪要能提供射手一致的握持与操作行为，即射手无须另行复杂或幅度较大的肢体动作进行武器的操作，甚至枪机与扳机的操作亦同。二是精密性。即一支高质量的现代化狙击步枪上各部位的零件不能复杂，也不能因为射击所造成的后坐力而松动。三是协调性。由于射击为物理性变化现象产生的各种震动，例如枪管产生的震动。这些震动不得影响射击瞄准（自发射第一发子弹以后）的准确度，亦不得影响内弹道与外弹道的稳定。一般而言谐波效应与枪管长度的平方成正比。四是弹药推力。一支高质量的现代化狙击步枪应当是为专业化与专用化高精度弹药进行优化设计的结果，如果使用一般弹药反而会造成弹头初速或射程下降、抗风偏干扰能力不足、弹道偏转，以及杀伤力遽降等。从这些苛刻的标准来看，布拉塞尔 R93 符合一支高质量现代化狙击步枪的全部定义。它是德国现代狙击步枪最高水平的代表之一。深度体现了德国在精密工业技术上的强大能力。

第 9 章

威名赫赫——巴雷特重型反器材步枪小传

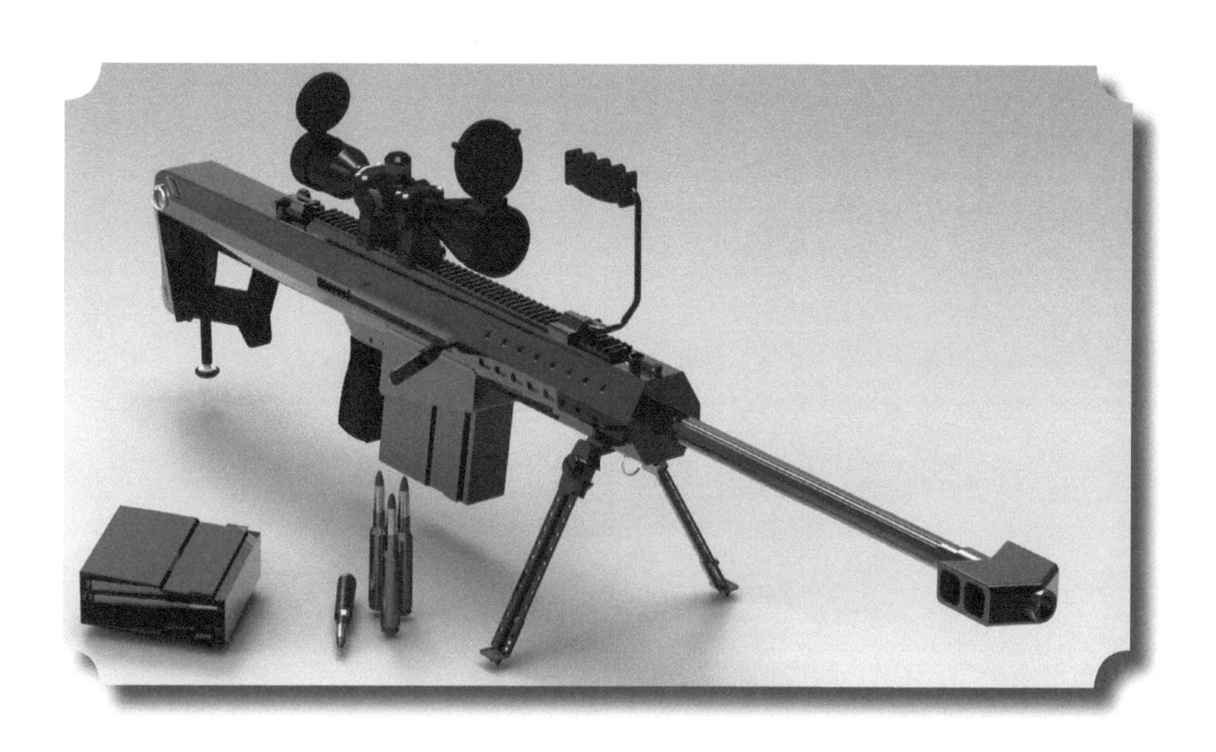

当提起狙击枪时，估计大多数人想到的是相同的三个字——巴雷特。作为游戏迷的挚爱，巴雷特黄金大狙的地位和手枪里的沙漠之鹰一样至高无上。的确，在狙击界，它是当之无愧的“王”。事实上，由于影视、游戏的传播影响，巴雷特M82A1（美军定型装备后叫作M107）成为当今世界上最具知名度的狙击步枪，没有之一。然而即便如此，人们对于这支大名鼎鼎的狙击步枪仍然存在着许多的误解。将这些误解一一澄清，或许有助于了解真正的巴雷特。

☆ 巴雷特M82A1的两脚架与M60机枪通用

电影和游戏是巴雷特声名显赫的重要原因。事实上，巴雷特很可能是影视作品中出镜率最多的狙击步枪。比如在《生死狙击》《第一滴血4》《生化危机2》《拆弹部队》《美国队长2》中，巴雷特都被导演作为大杀器搬了出来；《超级战舰》中，美国海军更是用巴雷特M82A1向外星飞船的舰桥射击。基本上，凡是涉及怪兽、外星人、硬汉和狙击手的美国大片，巴雷特就一定不会缺席。再加上各类“吃鸡”游戏的推波助澜，为人们在虚拟世界里提供了对巴雷特一试为快的机会。这就使巴雷特的公众形象更为丰满起来。不过，巴雷特之所以受到好莱坞导演和游戏制作者的青睐，归根到底还是因为它在军警组织中的普遍应用。巴雷特M82系列的军警用户至少有30个国家，如巴西、比利时、智利、丹麦、芬兰、法国、德国、希腊、以色列、意大利、牙买加、印度尼西亚、墨西哥、荷兰、挪威、菲律宾、葡萄牙、沙特阿拉伯、西班牙、瑞典、土耳其、英国及美国等。实际上其占据了12.7毫米（.50）狙击步枪市场的统治地位，接近于垄断。

缔造者是个“票友”

能够垄断市场的军用狙击步枪，自然是高度专业性的。但很少有人意识到，高度专业性的器材，未必就是由专业人士设计的，也可能是一位“票友”的热情和心血。票友原是中国戏曲界的行话，是指不以演艺为生的戏剧爱好者。不过，票友和一般的戏剧爱好者不同，他们不仅爱看戏剧，也喜欢演唱戏剧，甚至还参与演出，闪亮登场。而且有些票友还把伴奏、服装、化装等都当作爱好加以研习。还有些票友擅长研究剧本，钻研唱腔字韵，琢磨表演身段。当票友取得一定造诣后，甚至有些

☆ 《美国队长2》电影海报中，手持M82A1的“冬兵”

干脆转为职业演员，行话称为下海。事实上，票友一词在出现后，很快就延伸到其他领域。而巴雷特 M82A1 的设计者——罗尼·巴雷特，正是这样一位骨灰级枪械“票友”。出生于 1954 年的罗尼·巴雷特，最初只是美国田纳西州的一名职业摄影师，其本职工作可以说和枪械毫无关系。当然，作为一名射击运动的狂热爱好者，巴雷特自小对枪械兴趣浓厚，甚至可以说抱有巨大的热情。他在自己的摄影工作室里建造了一个小型靶场，每天晚上收工后，都会和一群警察朋友在这里练枪。巴雷特后来回忆说：“和大多数玩枪的家伙一样，我很早就对枪感兴趣。我一开始只有一支能打 BB 弹的玩具枪，后来是几支 .22 口径的小枪。再后来就进入了成年人的枪械世界。自己买的第一支枪是一把 .45 口径的手枪，自法律允许，我就一直随身携带它，直到现在我还带着它。但你知道，人们一旦迷上这项运动，就会陷入一种狂热的追逐，先是手枪、冲锋枪，然后是大威力步枪，你总是想要最好的和威力最大的那种枪。简单来说，想要一把 .50（12.7 毫米）口径的步枪。”但问题在于，当时市面上并没有这样一种步枪能够买到，所以巴雷特决定自己动手制造一支，后来大名鼎鼎的巴雷特狙击步枪就这样诞生了。

出发点是射击的乐趣

☆ 作为一支为了体验射击乐趣的运动器材，本为娱乐而造的巴雷特，最终却成了高效杀人武器的代名词

☆ 朝鲜战场上安装了瞄准镜的M2HB 12.7毫米口径重机枪

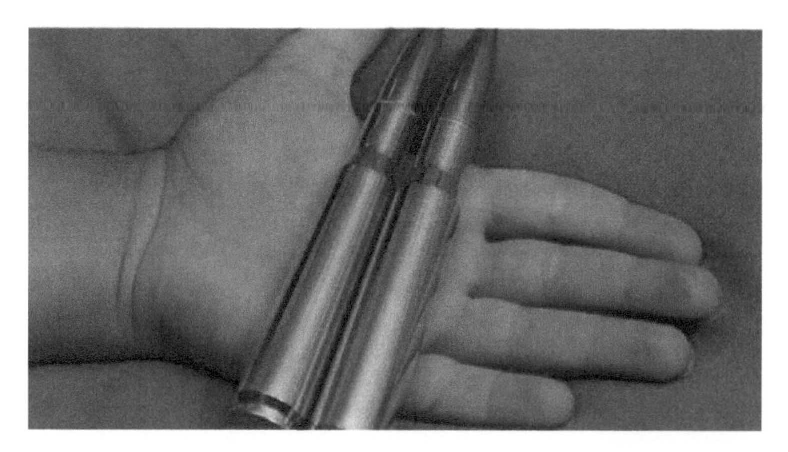

☆ 巴掌大的12.7×99毫米勃朗宁机枪弹

巴雷特制造 .50 大威力步枪的初衷很简单：就是能够愉快地发射市面上最容易买到的 M2HB 重机枪子弹，也就是 12.7×99 毫米勃朗宁机枪弹。这是一种尺寸和重量都相当可观的弹药，它有巴掌大小，光弹头重量就超过了 40 克，在 6000 米之外仍有相当的杀伤力。作为一种射击运动器材，要体会到发射这种重型弹药的乐趣，后坐力控制而非精度是首要考虑的问题。也就是说，巴雷特在设计这种枪械时的优先取向并不是精度，而是后坐力控制。当然，在大口径枪械的设计中，这两个方面也不是说就一定是对立的。毕竟后坐力太大的步枪，射手很难发挥出它的精度水平，反之亦然。取舍的效果终究要看设计水平的优秀与否。要实现理想的后坐力控制，巴雷特首先是在枪口制退器的效率上下了不少功夫。枪口制退器的作用是令大量燃气从枪口冲出后，设法令喷射方向转向后方，从而抵消很大部分的后坐力。但麻烦在于，制退器的效率与枪口火光和噪声是成正比的，也就是说制退器效率越高，枪口火光和噪声就越大，这是很让人扫兴的。要在其中取得平衡是非常耗时耗力的事情。在几番推倒重来后，巴雷特最终决定在其 .50 大威力步枪上采用 V 字形状的制退器；燃气在枪管正前方的圆柱形空腔内膨胀不多，主要在两侧的侧向方孔内开始膨胀、加速喷出。据称该制退器可以达到 69% 左右的效率，在消焰、削弱枪口噪

☆ 作为大口径射击运动器材，迅速射击的乐趣是重要的，所以巴雷特M82A1/M107采用了短后坐原理的半自动设计

☆ M82A1的枪口制退器特写

声考量的前提下，这已经算是相当高了。在后坐力控制的问题上，巴雷特另一个着力点是枪机的自动原理。

事实上，作为资深枪械爱好者，巴雷特对这支 .50 大威力步枪的一个基本观点是要半自动而不要栓动，他认为迅速射击的乐趣是重要的。为此，巴雷特选择了枪管短后坐原理来实现其 .50 大威力步枪的半自动射击。一般来讲，这类武器的枪管可前后浮动，枪弹击发后，枪管向后后坐，迫使枪机闭锁机构动作，使枪机开锁，随后完成退壳、抛壳、再装填等一系列自动循环。至于短后坐则是相对长后坐而言的。后者是指枪弹击发后，枪管要与枪机扣合在一起共同完成整个后坐行程；随后枪机开锁，与枪管解除扣合关系，但此时枪机停留在后方，枪管先复进与枪机分离，枪管在复进过程中完成抽壳、抛壳动作；待枪管复进到位后，枪机才被释放复进，推弹上膛，追上枪管，最后与枪管重新扣合闭锁，准备击发第二发弹。相比枪管长后坐原理，短后坐的枪管后坐、复进行程短促，共同后坐的部件总质量较小，所以射速明显更高。这就是为什么巴雷特选择短后坐而不是长后坐的主要原因，尽管这样的思路在步枪上极为罕见（短后坐原理多用于手枪）。有意思的是，短后坐自动机不仅仅有利于提高射速，也有利于控制后坐力。毕竟在发射后，枪管会与枪机共同后退一段距离，吸收了一定的后坐能量，虽然对于后坐能量的吸收不如长后坐多。当然，坚持半自动射击是要以牺牲精度为代价的。从一般规律来说，采用可活动式枪管设计的枪械，

☆ 由于合理的后坐力控制设计，女性射手也能操作巴雷特M82A1/M107，当然没有这张卡通图表现得这样夸张

☆ 现实中，女性射手操作民版巴雷特M82A1

其精度都是不如固定式枪管的。道理也很简单，能够活动就必然存在间隙，这必然导致两次射击时枪管的状态（位置、角度、振动时的运动趋势）存在一定的差别，而这最终都会导致枪弹飞行轨迹的不一致性增大，加大子弹散布范围，破坏枪械精度。但这是没有办法的事情，毕竟从一开始巴雷特的设计原则就不是精度优先。至于巴雷特 M82A1 的后坐力控制是否成功，这当然是件“仁者见仁，智者见智”的事情，但有体重 50 千克左右的女性射手竟表示这枪后坐力“弱爆了”，实际作用在人身上的感觉还不如泵动的 12 号霰弹枪。这种评价还是很能说明问题的。

反器材用途的精度、威力与射程

☆ 同为.50口径（12.7毫米），巴雷特M82A1/M107的枪口动能是“沙漠之鹰”的6.26倍

后坐力控制优先和半自动，决定了精度在巴雷特身上只能是件尽力而为的事情。事实上，精度可能是人们对巴雷特的最大误解之一。在 1800 米距离上一枪命中啤酒瓶盖，曾是很多人对巴雷特津津乐道的段子。但这样的巴雷特仅存在于游戏中，对于现实世界的巴雷特只能是一个小概率事件。衡量现代步枪精度的指标一般要用到 MOA 这样一个概念。MOA 是英语“minute of angle”的简称，它的意思是指“角分”。1 角分等于 1/60 度。一个圆有 360 度，那么 1MOA 就相当于对应的是一个 1/21600 个圆周长的长度。但是圆在半径不等的情况下，所对应的周长也就是不等的。所以在不同距离上，1MOA 代表的长度也有所不同。所以说，1MOA 的实际意义就是 100 米 2.9 厘米、200 米 5.8 厘米……如果不使用高精密子弹，M82A1 的精确度大概在 3MOA——即射程为 1000 米时，子弹会在一个半径 87.3 厘米的圆内随机着弹。如

果使用精密性高的子弹，那么精确度大概在1.5MOA左右，即1000米外的子弹落点半径为43.6厘米与同期的栓动狙击步枪1000米1MOA的门槛标准仍然存在不小的差距。事实上，1800米上1MOA的精度散布也已经到了52厘米，这么远的距离，这么大的散布，能打中一个啤酒瓶盖吗？美国陆军对M107的验收，使用机械瞄具在600米处射击人形目标，命中率只用达到1/6即可。使用光学瞄具时，其千米射击靶标为车辆大小。当然，如果使用特质的、昂贵的高精密性竞赛级弹药，比如超音速飞行距离达2250~2300米的民用Hornady A-MAX比赛弹，M82A1的远距离命中精度还能有所提高。但这样的做法实际上并不可取：并非仅仅造成了弹药采购成本的飙升，而是涉及更深层次的问题。要知道，军用步枪在战场上没有充裕的时间校枪，不同的弹药要保持弹道一致，瞄准镜才能有效地发挥作用。这意味着与巴雷特适配的各类弹药，都要与其.50（12.7毫米）标准弹（一般这是指M33）匹配，超音速飞行距离一般只能在1500~1600米的区间范围……不过，虽然巴雷特的精度被神化了，但作为大威力的远程反器材步枪却也够用。

☆ 巴雷特M82A1/M107配用的NM140 Mk 211 Mod 0 12.7毫米穿甲燃烧弹

军事用途的M82A1/M107，战术定位从来不是用来打人的，而是用来毁物。也就是说威力和射程才是王道。一支步枪偏偏装了重机枪的子弹，想想就知道她可不是吃素的。M82A1被美军称为SASR，也就是特殊用途狙击步枪的意思。它可以用于反器材攻击和爆炸物处理（EOD）。M82具有超过1500米的有效射程（最大有效射程1800米），最大射程超过4000米，搭配高能弹药（如挪威Raufoss NM140 Mk 211穿甲燃烧弹）可以有效摧毁雷达站、卡车、直升机、轻型装甲车、停放的战斗机等目标，因此也称为反器材步枪。M82/M107哪怕是使用最普通的M33型子弹，也能够在500米距离上击穿8毫米厚度的均质装甲甲板，在1200米距离上穿甲威力也还有4毫米。就威力而言，一个很直观的比较对象是同为.50口径（12.7毫米）

的“沙漠之鹰”手枪。该枪的 .50AE 子弹，尺寸为 12.7×33 毫米，发射 17 克重的弹头，初速超过 450 米 / 秒，其动能最高可达 2440 焦耳，比 AK47 的威力还大，堪称手枪里的王者。然而这样的威力在巴雷特 M82A1 面前仍然是小巫见大巫。巴雷特使用的是 12.7×99 毫米勃朗宁机枪弹，弹头重量超过 40 克，虽然枪管长度比 M2 重机枪略短，导致初速下降，但是初速也有 853 米/秒，枪口动能超过 15000 焦，是“沙漠之鹰”的 6.26 倍。直观的表现就是一厘米的厚钢板，25 米距离上“沙漠之鹰”打上去只有浅浅的一点痕迹，“巴雷特”则毫不费力就能洞穿。如果使用上前文所说的 NM140 Mk 211 Mod 0 弹药，巴雷特 M82A1/M107 作为反器材步枪的威力更为可观。NM140 Mk 211 Mod 0 实际上是一种穿甲燃烧弹，弹头整合了一根 7.62 毫米直径的钨合金弹芯，具备穿甲能力，同时还装有金属燃烧剂和高爆炸药，穿甲弹芯保持良好的存速性能，能够高速穿透目标，穿甲爆炸和燃烧瞬间完成。对于人体这样的目标来讲，NM140 Mk 211 Mod 0 弹药的威力是很不人道的。报告中经常有“解体”这样的词汇出现。以至于《简式防务期刊》夸张地评论说：“从战术角度来看，60 毫米迫击炮是唯一和 .50 口径巴雷特步枪平行的武器。”有意思的是，人们对 M82A1/M107 远距离狙杀精度高的错觉，很大程度上正是源于威力。比如在 2004 年的伊拉克战场上，发生了一位使用巴雷特 M82A1 的美军狙击手将三个武装分子在 1600 米距离上狙杀的真实战例。但实际情况却并非如此。当时，这三个武装分子正在伏击一支美军巡逻队，利用地形优势将美军压制得无法动弹。负责支援的美军狙击手在 1600 米开外，与武装分子之间还隔着一堵墙。然而，作为反器材步枪的巴雷特却在这种情况下表现出了令人瞠目结舌的效果。Mk 211 Mod 0 子弹直接将墙壁轰出一个大洞，穿甲燃烧弹的碎片和墙壁的破片混合在一起，将墙后的三人同时击毙。正是由于射程和威力的优势，除了军用之外，各国警方也喜爱这支大口径步枪，因为在对付罪犯的车辆时，它可以干脆利落地打穿发动机，令车辆熄火。所以美国纽约警察局就把巴雷特列入了装备清单，美国海岸警卫队也用巴雷特来打击高速运毒快艇……

☆ 作为巴雷特M82A1/M107猎杀目标之一的米-24/35重型武装直升机

历史性机遇

20 世纪 80 年代初，巴雷特与其合伙人在车库里造出了第一批 30 支样枪，被称为 M82“轻五零”。1986 年，巴雷特又造出了改进型的 M82A1。无论是 M82“轻五零”还是 M82A1，这些枪都是为了爱好者而设计的，同时也是出自巴雷特本人的个人兴趣。它满足了设计定位——一把可以可靠的、远距离投射重型子弹的装置；也满足了设计者的小心思——一把可以在靶场上玩得很开心的大口径步枪。它们被卖给了爱好者，花的是爱好者的钱，但后来军方为它找到了更能发挥价值的地方——战场。先是在 1989 年瑞典军方找到了巴雷特，向他买了 100 支 M82A1，然后是 1990 年美国海军陆战队为海湾战争中的沙漠之盾和沙漠风暴行动紧急采购了 125 支 M82A1，再然后美国陆军和空军的大批订单滚滚而来，海湾战争结束后，美国陆军还为 M82A1 赋予了正式的制式编号——M107。有了美国陆军这样一个大客户，对任何事业来说都会意味着不同。巴雷特的造枪事业也是如此。美国军方的示范效应带来了更多的订单，这些订单将巴雷特的名字印入了史册，更令这一品牌成为大口径高精度特种步枪的代名词。然而很少有人意识到，半路出家的巴雷特之所以能获得这种不可思议的成功，历史机遇是一个不可忽视的因素。

要知道，在整个 20 世纪 80 年代，美军对狙击步枪的看法并未从越战的经验中完全走出。当时，美军虽然已意识到装备一种大口径高精度步枪执行反器材任务的必要性，但思维仍然有所局限。认为光学结构牢固可靠、具备任意距离上精确测距能力的瞄准镜，既适用于 M21 和 M40 这样主要在 600~800 米距离内发挥作用的狙击步枪（其实丛林战场的交战距离大多只有几米），也适用于射程更远、威力更大的射击器材。这是多年丛林战的经验反馈，也意味着在当时的技术条

☆ 越战中被美军广泛使用的M40A1 7.62毫米狙击步枪

件下必须采用固定放大倍率。M82A1/M107普遍使用的10倍固定倍率Unertl瞄准镜便是如此。然而这造成了一个问题，那就是这样的瞄准镜并不能发挥出结构简单、在远距离精度上，本应有明显优势的栓动大口径步枪的性能潜力。事实上，当时在巴雷特M82A1之前，美国陆军已经试验性地采购了一些.50口径（12.7毫米）栓动步枪。但其没能抓住机会，成为大量列装的主力型号。究其原因，变化了的战场环境决定了一切。1990年的海湾战争，开阔平坦、缺乏植被掩护的地理环境，完全不同于热带丛林。在这里，地形十分平坦，视野距离能高达数千米。如果目标出现在天际线上，但手上的家伙却对此无能为力，那将是一件很糟糕的事情。所以需要远射程、大威力的枪械。但这种情况对于当时的.50口径（12.7毫米）栓动步枪却是一种尴尬——由于瞄准镜技术没有跟上，远距离上它们的精度性能不足以对M82A1形成压倒性优势。在精度性能相差不是很明显的前提下，巴雷特M82A1能够半自动连续发射的持续火力优势也就变得非常重要了。于是，特殊的地理环境和爆发在即的战争，带来了对大口径反器材步枪的迫切需要，而.50口径（12.7毫米）栓动步枪的性能平庸，则给予了巴雷特M82A1难得的历史性机遇，令其在海湾战争中从一群高不成低不就的大口径栓动步枪中脱颖而出。美国海军陆战队狙击手格拉德沃尔下士回忆说："在大多数战斗时，因为距离极远且缺少掩体，常规的.30口径M40A1 7.62毫米狙击步枪基本毫无用处。如果没有M82A1，我的狙击小队根本不会发挥出战斗力。"值得注意的是，海湾战争不仅是一场高技术兵器被大量应用的沙漠战争，也是一场现代化媒体高度介入的战争，战争和电视新闻几乎实现了无缝连接，各种武器的战斗表现、参战官兵的评价都通过新闻媒体传递给全世界。这令巴雷特的名气获得了前所未有的传播。至海湾战争结束后，虽然在巴雷特M82A1优异表现的刺激下，掀起了重型高精度反器材步枪的研发高潮，高性能的大口径栓动高精度步枪在激烈的市场竞争中大量出现，然而这个时候巴雷特早已凭借良好的口碑赢得了人和。结果，由于"名气大－买的人就多－名气更大－买的人更多"的滚雪球效应，巴雷特M82A1成为垄断性的现象级产品。今天，除了少量型号的同口径栓动式步枪，因为精度性能上优势明显形成了错位竞争获得少量订单外，精度一般但射程、威力和火力持续性仍然出色的巴雷特，其市场地位还是难以被撼动的。

☆ 在精度性能相差不是很明显的前提下，巴雷特M82A1能够半自动连续发射的持续火力优势也就变得非常重要了

令人难以释怀的噪声

就反器材这个基本任务职能来讲，巴雷特M82A1的综合性能可圈可点。特别是作为其军用版本，M107还在民用版M82A1基础上进行了减重设计。M107其实深究起来实际上是巴雷特M82A1的改进型M82A1M。M82A1M与M82A1相比，最主要的改进是减重。民用版M82A1的重量有些过大，当时美军试用后就提出减轻重量的要求。所以巴雷特重新设计了机匣的结构，并采用轻型材料来生产机匣及枪口制退器，使重量减轻了约1.1千克，再加上M82A1与生俱来的低后坐力优势，这为巴雷特带来了更多的好口碑，接近于完美。不过，这种评价并不意味着巴雷特就是一种毫无缺点的武器。事实上，完美的武器是不存在的，人们对巴雷特M82A1评价的缺点，一般都集中在过分的噪声上。而这种评价，不亲自对这支大枪操作一番，只凭观影或是打游戏，是很难体会到的。事实上，巴雷特的枪口噪声高达180分贝，如果没有任何保护，永久性的听力损伤是不可避免的。美国陆军的操作手册也明确表示，最好配合耳罩和耳塞来射击，否则会有失聪的风险。对此，有一个很好的例子说明了这一点。一名叫埃莱默的驻伊美军士兵曾回忆说："连队刚刚接收巴雷特时，我们决定在一个偏僻的地方试试这支大枪。于是，我们将车开到了一个离伊拉克警察驻地不到1000米的地方，然后把装备从车上卸下，准备练习射击。一些战友在200米外的土埂上设置了靶子，并走了回来。我们开始射击这些靶子，但很快发现这些枪的声音实在太响了，如果不戴耳塞，耳朵会有震聋的危险。即便捂住了耳朵，也一样可以感受到每一次射击时的震动。为了防止耳膜破裂，我们使用了两层听力保护——耳罩和耳塞……这时我注意到一名好奇的伊拉克警察向我们走了过来。他问我是否可以试一试这支大枪，这是他的原话。我想这也没什么要紧，所以同意了并简单教了教他如何操作这支武器。他趴下并用枪托抵住了肩。就在这时，我注意到他没带任何听力保护装置。所以我又靠了过去把耳罩递给他。不过他拒绝了，表示没有耳塞也没问题。显然，这个伊拉克警察低估了这支大枪的声音能量。从我个人的经验来讲，即便我带了两层防护设备，仍会感到耳鸣。这个伊拉克警察很快就为自己的自信付出了代价。扣动扳机后，他的双手直接捂住了耳朵，他听不到任何我们在说的话，脸上则写满了痛苦"。事实上，过大的噪声也决定了，巴雷特不适合作为通常意义上的狙击步枪来使用。所以《生死狙击》中，男主角在位置暴露后才用巴雷特，因为只要用它，肯定会被听见的。然而，对于只在游戏中体验过巴雷特的公众们是很难理解的。

☆ 只带耳塞，没带耳罩！差评！这是一张明显的摆拍图。

结语

巴雷特 M82A1 是一件外形上令人望而生畏的武器，所以在影视、游戏中倍受青睐。现实中，惊人的射程和威力对这种望而生畏进行了再好不过的注释。除此之外，它还通过一套短冲程后坐力装置实现了半自动射击，这使它的杀戮更为高效。当然，它的本意并非如此。作为一支为了体验射击乐趣的运动器材，本为娱乐而造的巴雷特，却成为高效杀人武器的代名词。这是一种辛辣的讽刺。